中等职业学校示范校建设成果教材

机械零件数控铣削加工

主　编　冯　刚

副主编　龚丽萍　王光全　张小斌

参　编　游贤容　冯　丹　唐　冬　胡　勇

机 械 工 业 出 版 社

本书以培养学生数控铣削程序的编制能力和数控铣床及加工中心的操作技能作为核心，以工作过程为导向，以理实一体化模式和典型零件数控铣削加工过程为脉络，本着“基本理论教学以应用为目的，以必需和够用为尺度”这一原则编写，将加工指令和加工方法的学习融入具体实例。本书注重学生综合素质的培养和整体技能的提升，主要内容包括凸台类零件的加工、槽类零件的加工、孔类零件的加工、特型零件的加工，以及零件的综合加工，还详细讲解了加工操作中的程序编写方法、具体操作步骤及注意事项。

本书可作为中等职业学校数控、机械、模具类专业理实一体化教材，也可作为数控铣床操作人员或加工中心操作人员的培训资料。

图书在版编目（CIP）数据

机械零件数控铣削加工/冯刚主编. —北京：机械工业出版社，2014.6
中等职业学校示范校建设成果教材
ISBN 978-7-111-46709-0

Ⅰ.①机… Ⅱ.①冯… Ⅲ.①机械元件-数控机床-铣削-中等专业学校-教材 Ⅳ.①TH13②TG547

中国版本图书馆 CIP 数据核字（2014）第 099464 号

机械工业出版社（北京市百万庄大街 22 号 邮政编码 100037）
策划编辑：王佳玮 责任编辑：王佳玮 周璐婷
版式设计：霍永明 责任校对：张晓蓉
封面设计：马精明 责任印制：刘 岚
涿州市京南印刷厂印刷
2014 年 10 月第 1 版第 1 次印刷
184mm × 260mm · 9 印张 · 198 千字
0001 — 1500 册
标准书号：ISBN 978-7-111-46709-0
定价：26.00 元

凡购本书，如有缺页、倒页、脱页，由本社发行部调换

电话服务	网络服务
社服务中心：（010）88361066	教材网：http://www.cmpedu.com
销售一部：（010）68326294	机工官网：http://www.cmpbook.com
销售二部：（010）88379649	机工官博：http://weibo.com/cmp1952
读者购书热线：（010）88379203	**封面无防伪标均为盗版**

前　言

数控铣削加工作为一种常用的零件加工技术，在产品的研发、生产中得到广泛的应用。机械零件数控铣削程序编制是数控铣削操作工、加工中心操作工、数控工艺员的典型工作任务，是数控技术人才必须掌握的技能，也是中等职业学校数控、机械、模具类专业中一门重要的骨干专业课程。

本书以培养中职学生的数控铣削程序编写能力，训练学生数控铣床操作技能为目标，除了详细介绍了凸台类零件、槽类零件、孔类零件、特型零件，以及零件综合加工的程序编写，还详细讲解了加工操作中的具体操作步骤及注意事项。本书所讲指令适用于 FANUC 0i—MA 系统或广州数控系统。

本书以工作过程为导向，以企业常见典型零件结合教学需求提升后的案例为载体，采用任务驱动教学的方式组织内容。每个学习情境均由学习目标、任务引入、任务分析、任务准备、任务实施、任务评价、知识拓展和知识巩固等几部分组成，内容由简单到复杂、由单一到综合。学生通过学习能够掌握数控铣削编程知识和零件铣削工艺分析的方法，完成数控铣削程序的编写，达到中级数控铣工、中级加工中心操作工的技能水平。针对每个学习情境的实训操作，本书还配有任务工单，便于学生实操时使用。

本书由重庆市工业学校冯刚担任主编，龚丽萍、王光全及重庆长安汽车股份有限责任公司张小斌担任副主编。冯刚负责全书的统稿和定稿工作，并编写了情境一的任务一、情境五的任务二、附录及任务工单；龚丽萍编写了情境一的任务二、情境二的任务一；王光全编写了情境二的任务二、任务三；张小斌编写了情境五的任务一；游贤容编写了情境三；冯丹编写了情境四的任务一；唐冬编写了情境四的任务二；胡勇编写了情境四的任务三。

本书在编写过程中得到了学校各级领导及企业技术人员的大力支持，在此一并表示衷心的感谢!

由于编者水平和经验有限，书中难免有欠妥和错误之处，恳请读者批评指正。

编　者

目　录

前言
情境一　凸台类零件的加工……1
任务一　正六边形凸台的加工……4
任务二　圆弧菱形凸台的加工……16
情境二　槽类零件的加工……30
任务一　腰鼓形凸台的加工……32
任务二　环形凹槽的加工……37
任务三　弧形凹槽的加工……42
情境三　孔类零件的加工……49
情境四　特型零件的加工……67
任务一　圆孔的铣削加工……68
任务二　U形开口槽的铣削加工……73
任务三　V形开口槽的铣削加工……77
情境五　零件的综合加工……85
任务一　零件的综合加工示例（一）……85
任务二　零件的综合加工示例（二）……93
附录……105
附录A　G指令代码及功能……105
附录B　M指令代码及功能……107
附录C　铣削速度推荐值……108
附录D　铣削刀具每齿进给量推荐值……109
附录E　高速钢钻头钻削速度及进给量推荐值……109
参考文献……111
机械零件数控铣削加工任务工单

情境一　凸台类零件的加工

学习目标

一、知识目标

1）能够编制凸台类零件加工程序。

2）会利用刀具半径补偿功能编程。

3）在教师的指导下会合理选择铣削参数。

二、技能目标

1）能够在数控铣床上完成夹具和刀具的安装。

2）会独立完成正确的对刀操作。

3）在教师指导下会操作数控铣床加工出凸台类零件。

任务引入

凸台类零件是铣削加工工艺中的常见零件，单一凸台轮廓主要由直线、圆弧、曲线通过相交、相切连接而成，具有一定的高度。凸台类零件可由若干个凸台叠加或按照一定的位置关系组合而成。机械零件的凸台、凸肩或凸肋（图1-1）以及模具零件的凸模或凸模型芯（图1-2）都具备凸台类零件的特征。

图1-1　旋钮模型

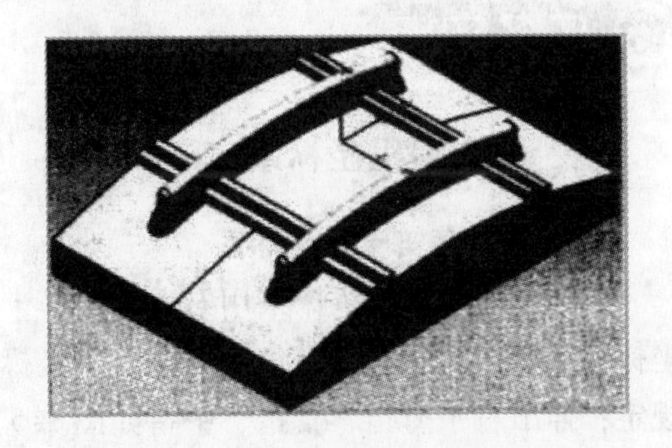

图1-2　模具凸肋（凸模）

如图1-3所示的零件图，就是由凸模简化而成的。加工本例凸台零件，零件毛坯材料为45钢，毛坯尺寸为160mm×120mm×30mm。试分析零件图，确定加工工艺，编制加工程序，并操作数控铣床加工本例凸台零件。

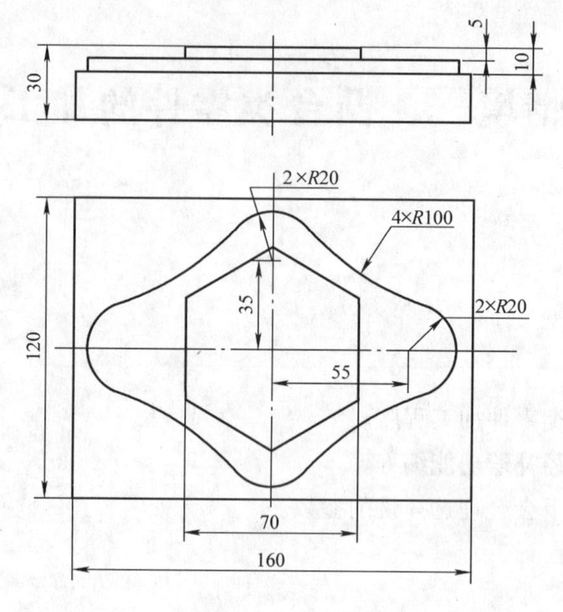

图 1-3　凸台零件图

任务分析

本例零件由一个 160mm × 120mm × 20mm 底板，叠加由 4 × R20mm 和 4 × R100mm 圆弧相切而成的圆弧菱形凸台，在圆弧菱形凸台上再叠加一个内切圆直径为 70mm 的正六边形凸台之后形成。其中，圆弧菱形凸台和正六边形凸台高度都是 5mm。正六边形凸台和圆弧菱形凸台需要铣削加工出来，具体结构如图 1-4 所示。

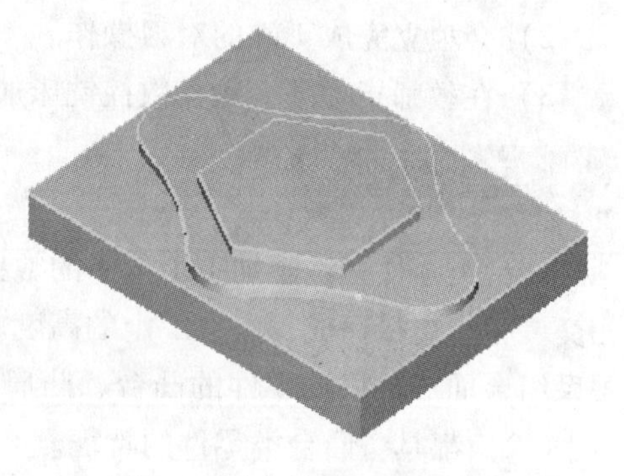

图 1-4　凸台零件三维实体图

任务实施

一、建立编程坐标系

1. 右手直角笛卡儿坐标系

数控铣床等数控机床采用右手直角笛卡儿坐标系（图 1-5）来规定各轴方向，该坐标系规定：伸出右手拇指、食指、中指如图 1-5 所示，拇指的方向为 X 轴的正方向；食指的方向为 Y 轴的正方向；中指的方向为 Z 轴的正方向。

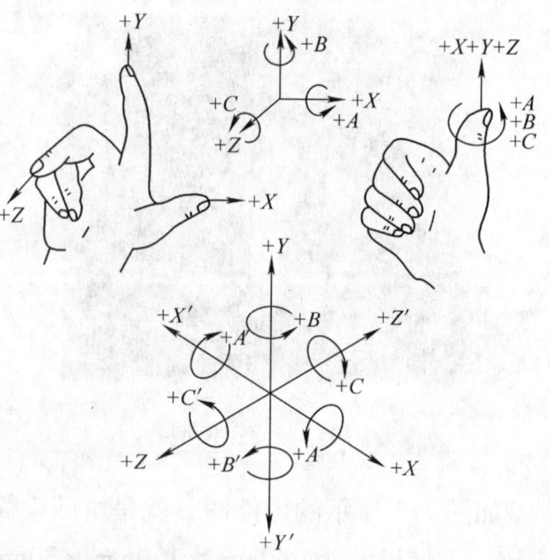

图 1-5　右手直角笛卡儿坐标系

2. 刀具相对于零件运动

由于机床的结构不同，机床的运动方式也不同。因此，为了编程方便，一律规定将工件视为固定，刀具相对于工件运动。刀具远离工件的方向为坐标轴的正向。

3. 坐标轴的确定原则

（1）*Z* 轴的确定　*Z* 轴定义为平行于机床主轴的坐标轴，如果机床有一系列主轴，则应选尽可能垂直于工件装夹面的主要轴为 *Z* 轴，其正方向定义为从工作台到刀具夹持的方向，即刀具远离工作台的运动方向。

（2）*X* 轴的确定　*X* 轴为水平的、平行于工件装夹平面的坐标轴，它平行于主要的切削方向，且以此方向为正方向。

（3）*Y* 轴的确定　*Y* 轴的正方向则根据 *X*、*Z* 轴及其方向用右手直角笛卡儿坐标系确定。

根据坐标轴的确定原则，可以确定立式数控铣床坐标系（图 1-6）和卧式数控铣床坐标系（图 1-7）。

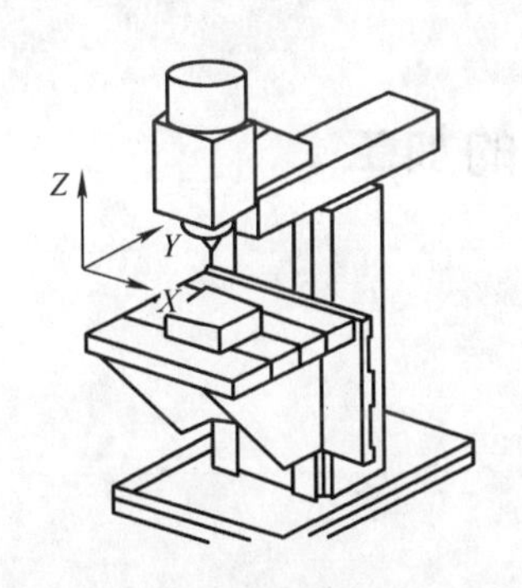

图 1-6　立式数控铣床坐标系

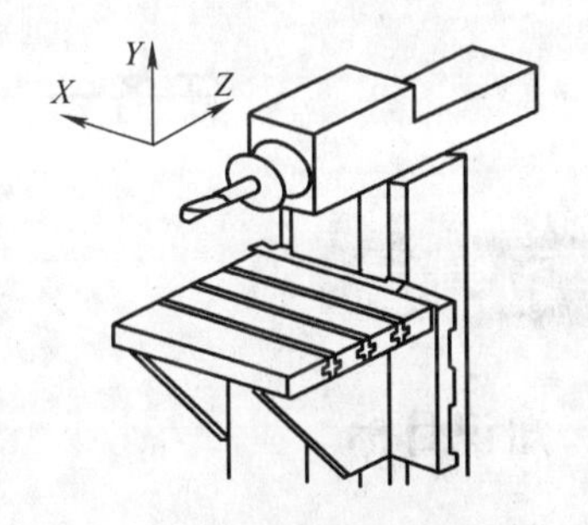

图 1-7　卧式数控铣床坐标系

4. 机床坐标系与工件坐标系

（1）机床坐标系　数控机床上，为确定机床运动的方向和距离，必须要有一个坐标系才能实现，把这种机床固有的坐标系称为机床坐标系。

（2）工件坐标系　在数控编程过程中，编程人员拿到图样以后，为了编程时确定刀具和程序的起点，需要在工件上设置一个坐标系，该坐标系称为工件坐标系，工件坐标系的原点又称为工件原点或编程原点，理论上编程原点的位置可以任意设定，但为方便求解工件轮廓上的基点坐标进行编程，一般按以下要求进行设置：

1）工件原点应尽量选择在零件的设计基准或工艺基准上。

2）工件原点尽量选择在精度较高的工件表面，以提高零件的加工精度。

3）对于对称的零件，工件原点应选择在对称中心上。

4）对于一般零件，工件原点可选择在工件外轮廓的某一角上。

5）*Z* 坐标原点一般设置在工件上表面。

（3）机床原点、机床参考点　机床原点是机床上的一个固定点，其位置是由机床厂家设定的，通常不允许用户改变。该点是机床参考点、工件坐标系的基准点。机床参考点是机床坐标系中一个固定不变的位置点。该点通常设置在机床各轴靠近正方向极限的位置。

数控机床通电后，通常要作回零操作（即回参考点）。回零操作后，机床即对控制系统进行初始化，使机床运动坐标的各计数 X、Y、Z 等显示为零。

5. 凸台零件编程坐标系的确定

由于本例凸台零件，在 $X—Y$ 平面内为对称结构，在建立编程坐标系时，将 X、Y 轴的原点定在零件的对称中心处，Z 轴的原点定在零件的上表面，如图 1-8 所示。

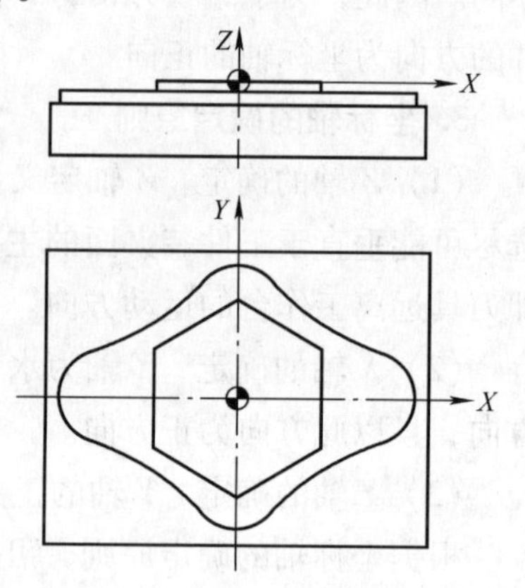

图 1-8　凸台零件编程坐标系

二、加工工序安排

根据零件结构，按照从上到下的加工工序安排原则，确定加工工步内容如下：

1）粗精加工宽度为 70mm 的正六边形凸台。

2）粗精加工圆弧菱形凸台。

任务一　正六边形凸台的加工

学习目标

一、知识目标

1）能够说明直线加工指令的格式及含义。

2）能够编制直线轮廓凸台类零件的加工程序。

3）会利用刀具半径补偿功能编程。

4）能够合理选择铣削参数。

二、技能目标

1）能够在数控铣床上完成夹具和刀具的安装。

2）在教师指导下会完成正确的对刀操作。

3）在教师指导下会操作数控铣床加工出凸台类零件。

任务引入

根据加工工艺安排，本任务是加工正六边形凸台，现将零件图简化，如图 1-9 所示。

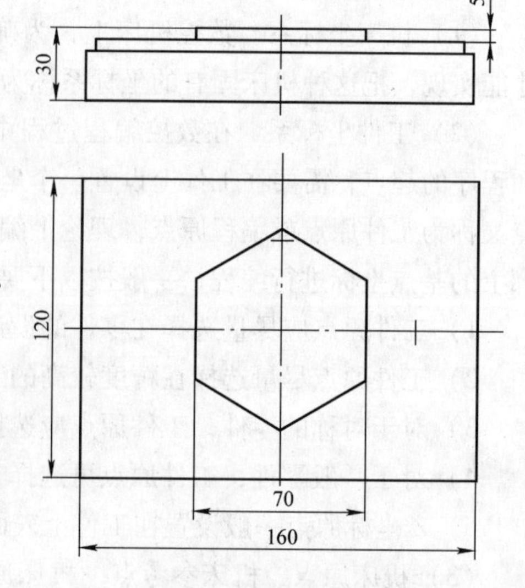

图 1-9　正六边形凸台

任务分析

本次加工任务是在尺寸为160mm×120mm×30mm的毛坯上，粗精加工宽度为70mm的正六边形凸台，凸台高度为5mm。正六边形凸台位于零件的中心位置，关于*X*、*Y*轴对称。

任务准备

一、工件装夹方案

工件为长方形，常采用机用虎钳装夹（图1-10），刀具的加工平面至少应距离机用虎钳钳口3~5mm，为了达到合适的装夹深度，一般需要在工件的底面垫上合适的等高垫块。

二、设计刀具路径

由于大多数铣刀的中心处没有切削刃，所以刀具下刀时尽量不要直接从工件实体面切入，铣刀切入点应与工件毛坯轮廓相隔一定的距离（至少要大于刀具半径），才能保证下刀安全。在数控铣床上铣削零件，大多采用顺铣。

由于立铣刀总具有一定的直径（图1-11），所以在正六边形凸台刀具路径图（图1-12）中，标明的刀具路径是刀具中心轨迹。刀具直径越大，刀具中心偏离工件轮廓就越远。

图1-10　机用虎钳

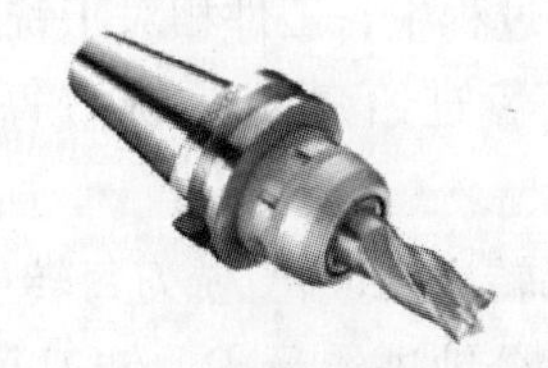

图1-11　立铣刀装在刀柄上

三、刀具及切削参数的选择

该工件在加工时，宽度为70mm的正六边形轮廓加工后，剩余面积较大，需要另外编程来清除剩余的岛屿。在选择刀具时尽量选择直径稍大的立铣刀，所以本例选用ϕ20mm高速钢立铣刀来进行粗加工及半精加工，精加工由于余量较少可采用ϕ10mm高速钢立铣刀，粗加工时单边留1mm余量，半精加工时单边留0.2mm余量。

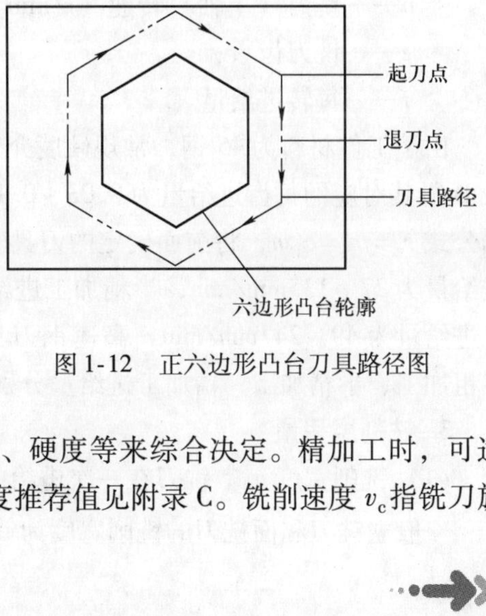

图1-12　正六边形凸台刀具路径图

1. 刀具转速的确定

铣刀的转速主要根据刀具材料（常用的有高速钢、硬质合金、陶瓷、金刚石等）和工件的材料、硬度等来综合决定。精加工时，可适当提高转速，提高工件的表面质量。常用的铣削速度推荐值见附录C。铣削速度v_c指铣刀旋

转的圆周线速度，单位为m/min。计算公式为

$$v_c = \frac{\pi d n}{1000}$$

式中　d——铣刀直径（mm）；

n——主轴（铣刀）转速（r/min）；

π——圆周率，取3.14。

从上式可得到主轴（铣刀）转速为

$$n = 1000v_c / \pi d$$

在确定了刀具直径后，可以推算出刀具转速范围。一般选择中低转速，避免转速过高。在切削三要素（切削速度、进给量、背吃刀量）中，切削速度对刀具寿命影响最大。刀具转速过高，会大幅降低刀具寿命。

本例工件材料为45钢，属于中碳钢，硬度介于225～290HBW，粗加工选择刀具为ϕ20mm高速钢立铣刀，查附录C知其对应的铣削速度为15～36m/min。根据公式$n = 1000v_c/\pi d$，推算出ϕ20mm高速钢立铣刀转速为238～573r/min。高速钢刀具加工工件应选择较低的转速，故将粗加工转速定为300r/min，半精加工转速定为350r/min。同理可推算出ϕ10mm高速钢立铣刀转速为477～1146r/min，将精加工转速定为550r/min。

2. 进给量的确定

在铣削过程中，工件相对于铣刀的移动速度称为进给量。有三种表示方法：

（1）每齿进给量a_f　铣刀每转过一个刀齿，工件沿进给方向移动的距离，单位为mm/z。

（2）每转进给量f　铣刀每转过一转，工件沿进给方向移动的距离，单位为mm/r。

（3）每分钟进给量F　铣刀每旋转1min，工件沿进给方向移动的距离，单位为mm/min。三种进给量的关系为

$$F = fn = a_f z n$$

式中　a_f——每齿进给量（mm/z）；

n——铣刀（主轴）转速（r/min）；

z——铣刀齿数；

f——每转进给量。

由于工件材料为45钢，常规硬度介于225～325HBW之间，用高速钢立铣刀加工，查附录D得其对应的每齿进给量为0.03～0.15mm/z，常用的立铣刀有2～4齿（按3齿算）。根据公式$F = fn = a_f z n$，将前面确定的刀具转速带入公式，推算出ϕ20mm高速钢立铣刀粗加工进给量为27～135mm/min，半精加工进给量为31～157mm/min；ϕ10mm高速钢立铣刀精加工进给量为49～247mm/min。高速钢刀具一般选择较低的主轴转速和较低的进给量，所以将粗加工、半精加工、精加工进给量分别定为40mm/min、50mm/min、60mm/min。

3. 铣削层用量

（1）铣削宽度a_e　铣刀在一次进给中所切掉的工件表层的宽度，单位为mm。

一般立铣刀和面铣刀的铣削宽度为铣刀直径的50%～60%。

（2）背吃刀量 a_p　铣刀在一次进给中所切掉的工件表层的厚度，即工件已加工表面和待加工表面间的垂直距离，单位为 mm。

（3）一般立铣刀粗铣时的背吃刀量以不超过铣刀半径为原则，以防止背吃刀量过大而造成刀具损坏，精铣时为 0.05 ~ 0.3mm，面铣刀粗铣时为 2 ~ 5mm，精铣时为0.1 ~ 0.5mm。

四、建立机械加工工艺过程卡（见表 1-1）

表 1-1　正六边形凸台机械加工工艺过程卡

机械加工工艺过程卡		毛坯材料			45 钢		零件图号	图 1-9	
夹具	机用虎钳	毛坯尺寸			160mm × 120mm × 30mm		零件名称	凸台零件	
工步号	工步内容	刀具号	刀具名称	刀具材料	刀具半径补偿号	刀具半径补偿值/mm	主轴转速/（r/min）	进给量/（mm/min）	进给深度/mm
1	粗铣正六边形凸台轮廓留 1mm 余量	T1	ϕ20mm 立铣刀	高速钢	D1	11	300	40	5
2	半精铣六边形凸台轮廓留 0.2mm 余量	T1	ϕ20mm 立铣刀	高速钢	D1	10.2	350	50	5
3	精铣正六边形凸台轮廓	T2	ϕ10mm 立铣刀	高速钢	D2	5	550	60	5

五、编程指令学习

编程加工正六边形凸台需要使用的指令（见表 1-2）

表 1-2　编程指令表

指令	功　能	格　式	说明
G01	直线插补	G01　X__　Y__　Z__　F__;	X、Y 为终点坐标值，F 为进给速度值
G00	快速点定位	G00　X__　Y__　Z__;	以系统设定的速度高速运动到指定坐标点
G90 G91	G90：绝对编程 G91：增量编程	—	G90 编程时，每一个坐标点都是相对于编程原点的坐标值 G91 编程时，下一坐标点都是相对于前一位置的增量坐标值
G54 G55 G56 G57 G58 G59	设置工件坐标系	—	在对刀时，将工件坐标系原点对应的机床坐标值输入 G54（或 G55 ~ G59）相应的存储单元

（续）

指令	功 能	格 式	说明
G41 G42 G40	刀具半径补偿	G01/G00 G41/G42 X__ Y__ D__; G01/G00 G40 X__ Y__;	G41：刀具半径左补偿 G42：刀具半径右补偿 G40：撤销刀具半径补偿 D：刀具半径值寄存器号
M03 M04 M05	—	—	M03：主轴正转 M04：主轴反转 M05：主轴停止
M06	换刀指令	T__ M06 或 M06 T__;	M06：加工中心换刀指令 T__：刀具号
M30	—	—	程序结束
S	主轴转速	S__	设置主轴转速
F	进给速度	F__	设置进给速度

1. 编程指令分类

编程指令可以分为主轴功能（S代码）、进给功能（F代码）、刀具功能（T代码）、辅助功能（M代码）和准备功能（G代码）。

2. 主轴控制指令 M03、M04、M05

M03：启动主轴以程序中编制的主轴速度顺时针方向（从 Z 轴正向朝 Z 轴负向看）旋转。

M04：启动主轴以程序中编制的主轴速度逆时针方向（从 Z 轴正向朝 Z 轴负向看）旋转。

M05：使主轴停止旋转。

3. 换刀指令指令 M06

指令格式：T__ M06;

M06用于在加工中心上调用一个欲安装在主轴上的刀具，刀具将被自动地安装在主轴上。

4. 程序结束指令 M30

M30用于程序结束后返回程序头，用于程序结尾处。

5. 主轴转速设置指令 S

指令格式：S__;

该指令用于指定主轴转速（r/min）。

6. 进给速度指令 F

指令格式：F__;

该指令用于指定进给速度（mm/min）。

7. 绝对值编程 G90 与相对值编程 G91

指令格式：G90；

G91；

G90 绝对值编程：坐标系内的所有几何点或刀具位置坐标都以一个固定的坐标原点为基准标注。

G91 增量值编程：也称为相对坐标编程，坐标系内的某一位置的坐标值用相对于前一位置的坐标值的增量进行标注，即刀具从前一位置运动到下一位置的增量值。

G90、G91 为模态功能，可相互注销。G90 为默认值。编程时，既可以用绝对值编程，也可以用增量值编程，还可以既有绝对值编程又有增量值编程（混合编程），视情况而定。

图 1-13 所示为绝对值、增量值编程方式示例。

图 1-13 中各点绝对和增量坐标值见表 1-3。

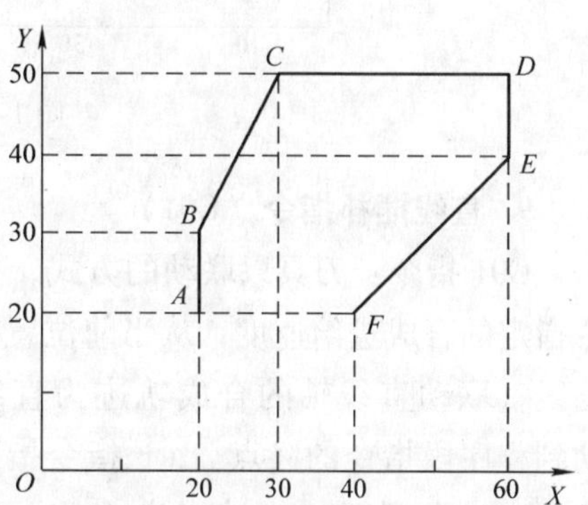

图 1-13　绝对值、增量值编程方式示例

表 1-3　绝对、增量坐标值比较表

编程方式	绝对值方式		增量值方式	
点	X 坐标	Y 坐标	X 坐标	Y 坐标
O	0	0	0	0
A	20	20	20	20
B	20	30	0	10
C	30	50	10	20
D	60	50	30	0
E	60	40	0	-10
F	40	20	-20	-20

8. 快速移动指令（G00）

指令格式：G00　X__　Y__　Z__；

G00 指令：刀具相对于工件以各轴预先设定的速度，从当前位置快速移动到程序段指令的定位目标点。

G00 指令中的快速移动速度由机床参数“快移进给速度”对各轴分别设定，不能用“F__”规定。

G00 一般用于加工前快速定位或加工后快速退刀，不能用于切削加工。快移速度可由面板上的快速修调旋钮修正。

注意：在执行 G00 指令时，由于各轴以各自速度移动，不能保证各轴同时到达终点，因而联动直线轴的合成轨迹不一定是直线（图 1-14）。操作者必须格外小心，以免刀具与工件发生碰撞。常见的做法是将 Z 轴移动到安全高度，再放心地执行 G00 指令。

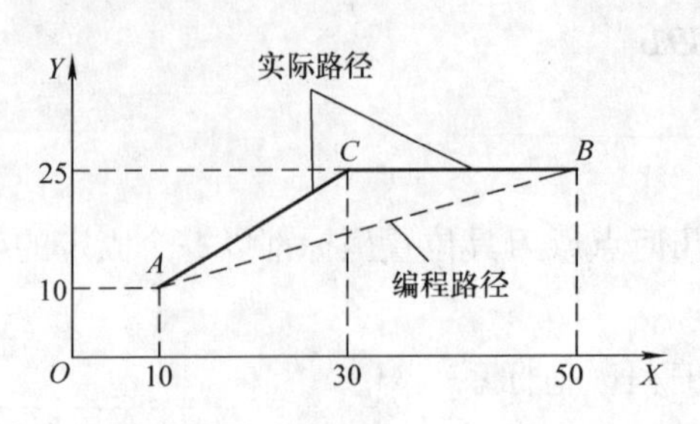

图 1-14 G00 移动路径示意图

9. 直线插补指令（G01）

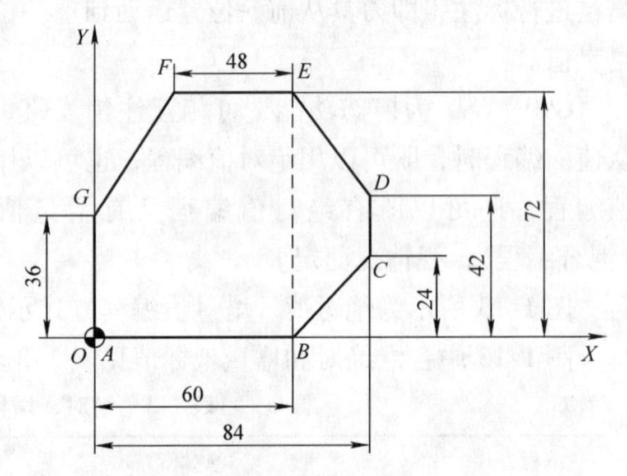

图 1-15 绝对值、增量值编程示例

G01 指令：刀具以联动的方式，按 F 指令指定的合成进给速度，从当前位置按线性路线（联动直线轴的合成轨迹为直线）移动到程序段指令的终点。（F 指令指定的进给速度，直到新的值被指定之前，一直有效）。

指令格式：G01 X__ Y__ Z__ F__；

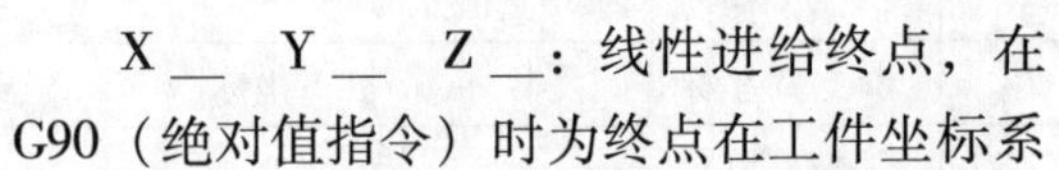

X__ Y__ Z__：线性进给终点，在 G90（绝对值指令）时为终点在工件坐标系中的坐标；在 G91（增量值指令）时为终点相对于起点的位移量。

如图 1-15 所示，刀具从 *A* 点以 100mm/min 的速度直线切削到 *B*—*C*—*D*—*E*—*F*—*G*，其程序如下（坐标字括号表示可以省略）。

绝对值编程：

（G90） G01	X60 （Y0） F100；	（*A*—*B*）
	X84 Y24；	（*B*—*C*）
	（X84） Y42；	（*C*—*D*）
	X60 Y72；	（*D*—*E*）
	X12 （Y72）；	（*E*—*F*）
	X0 Y36；	（*F*—*G*）
	X0 Y0；	（*G*—*A*）

增量值编程：

G91 G01	X60 （Y0） F100；	（*A*—*B*）
	X24 Y24；	（*B*—*C*）
	（X0） Y18；	（*C*—*D*）
	X -24 Y30；	（*D*—*E*）
	X -48 （Y0）；	（*E*—*F*）
	X -12 Y -36；	（*F*—*G*）

X0　Y－36；　　　　　　　　（G—A）

混合编程：

（G90）　G01 X60　（Y0）F100；　　　　（A—B）

X84　Y24；　　　　　　　　（B—C）

（X84）　Y42；　　　　　　（C—D）

X60　Y72；　　　　　　　　（D—E）

G91 X－48　（Y0）；　　　　（E—F）

G90 X0　Y36；　　　　　　（F—G）

X0　Y0；　　　　　　　　　（G—A）

10. 刀具半径补偿指令（G40、G41、G42）

在编程时，由于使用的是刀位点编程，而刀具总有一定的半径，因此，在对零件的轮廓加工过程中，刀具中心运动轨迹并不等于加工零件的实际轮廓，工件的实际尺寸会减少（加工外形）或增加（加工内腔）一个刀具直径。

因此在实际加工时，刀具中心轨迹要偏移零件轮廓表面一个刀具半径值，即进行刀具半径补偿。

1）刀具半径补偿指令格式：

G41　（G42）　G01/G00　X__　Y__　D__；

G40　G01/G00　X__　Y__；

G41 指令用于刀具半径左补偿；G42 指令用于刀具半径右补偿；G40 指令用于取消刀具半径补偿。

其中，“D __”为存储刀具半径补偿的地址。

2）刀具半径补偿的判断。顺着刀具进给的方向看，刀具在工件的左边为左补偿（G41），刀具在工件的右边为右补偿（G42），如图 1-16 所示。

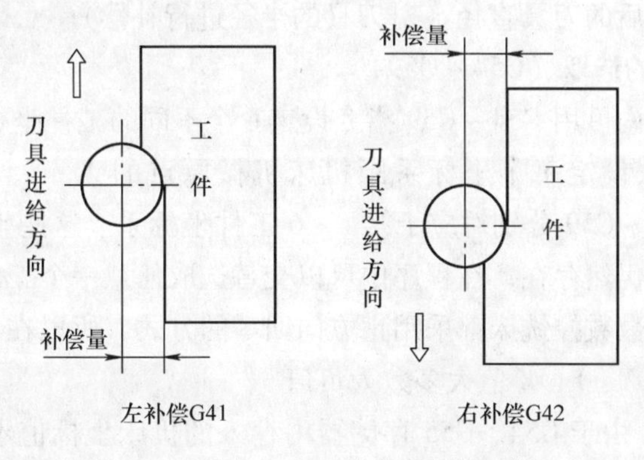

图 1-16　左刀补、右刀补指令判断示例

3）刀具半径补偿在整个程序中的应用分为刀具半径补偿的建立、刀具半径补偿的执行、刀具半径补偿的取消三个过程，如图 1-17 所示。

需要注意的是：在启动阶段开始后的刀补状态中，如果存在有二段以上的没有移动指令或存在非指定平面轴的移动指令段，则有可能产生进刀不足或进刀超差（过切），如图 1-18 所示。

刀具半径偏置启动后的下两个程序段内没有指定平面（*X*—*Y* 平面）轴的移动指令。

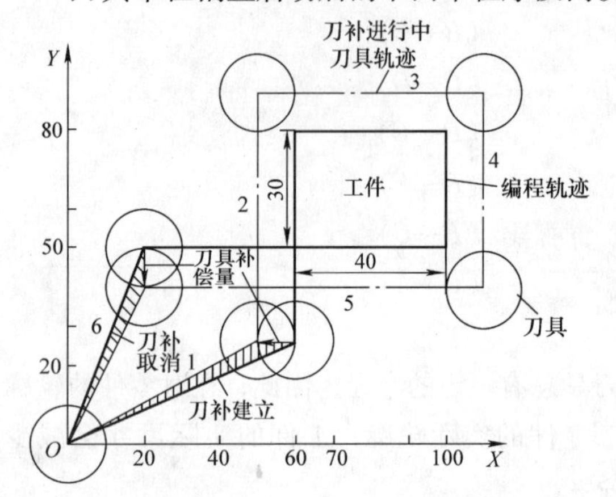

图 1-17　刀具半径补偿的建立、执行和取消过程示意图

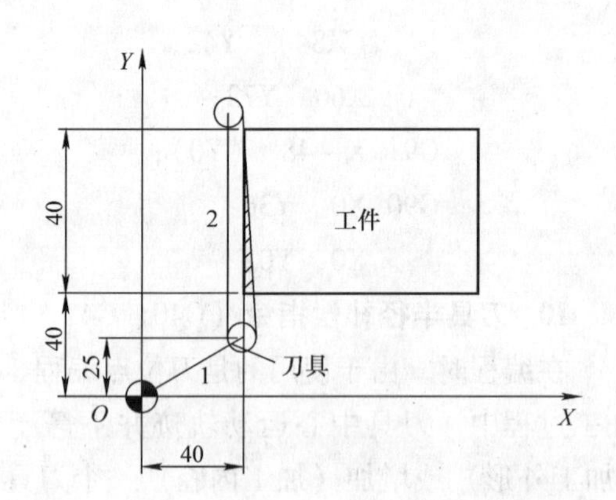

图 1-18　刀具半径补偿时编程出错示例

N1　G41　G00　X40　Y25　D01；

N2　Z5；

N3　G01　Z－5　F300；

N4　Y40；

⋮

4）使用刀具半径补偿功能的优点。刀具半径补偿功能的应用具有以下优点：在编程时可以不考虑刀具的半径，直接按图样所给尺寸编程，只要在实际加工时输入刀具的半径即可；可以使粗加工的程序简化；通过改变刀具补偿量，可用一个加工程序完成不同尺寸要求的工件加工；因磨损、重磨或更换新刀而引起刀具直径改变后，不必修改程序，只需在刀具参数设置中输入变化后的刀具直径（对刀具的半径进行补偿）。

11. 工件坐标系的选取（G54～G59）

在机床行程范围内可用 G54～G59 指令设定 6 个不同的工件坐标系。一般先用手动输入或者程序设定的方法设定每个坐标系距机床机械原点的 *X*、*Y*、*Z* 轴向的距离，然后用 G54～G59调用。G54～G59 分别对应于第 1～6 工件坐标系。这些坐标系存储在机床存储器内，在机床重开机时仍然存在，在程序中可以交替选取任意一个工件坐标系使用。

注意：由于大多数数控铣床都采用正方向回零的方式，所以在 G54～G59 的机床存储器内存入的机床坐标值 *X*、*Y*、*Z* 值大多数为负值。

如图 1-19 所示，由于 G54、G55 存储器内存入的机床坐标值不同，运行同样一段程序后，刀具所处的位置也不同。G54 存入的机床坐标值为（X_1，Y_1），G55 存入的机床坐标值为（X_2，Y_2）。

N0100　G54　G00　G90　X50.0　Y40.0；（快速定位至 G54 坐标中 X50.0　Y40.0 处）

N0110　G55；　（将 G55 置为当前工件坐标系）

N0120　G00　X50.0　Y40.0；　（快速移至 G55 坐标中的 X50.0　Y40.0 处）

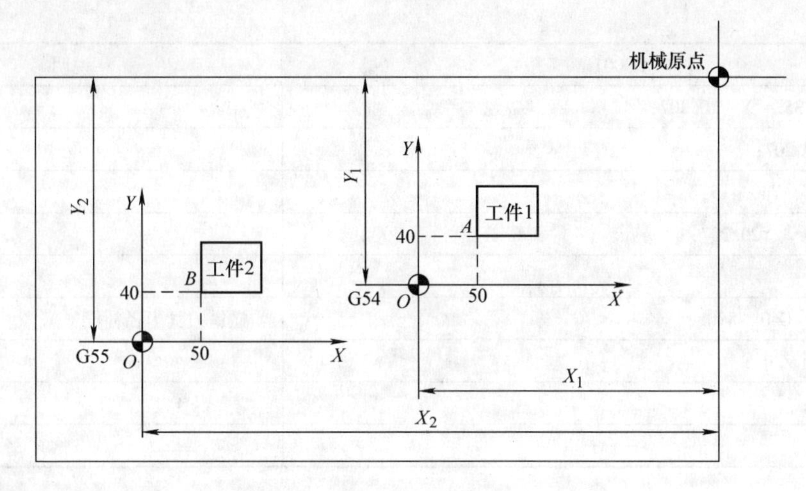

图 1-19　调用不同工件坐标系示例

任务实施

一、分析基点坐标

利用 CAD 软件进行基点坐标分析，得出如图 1-20 所示部分基点坐标。

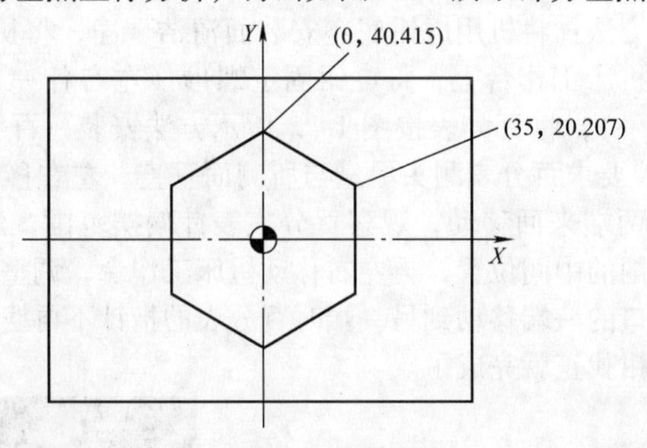

图 1-20　基点坐标图

二、编制加工程序（见表 1-4）

表 1-4　编制加工程序

O0001		说明
N10	G0　G90　G54　X90.　Y20.207　Z20.　S400　M3；	在工件实体外建立下刀点
N20	Z5.；	
N30	G1　Z－5.　F100.；	
N40	G1　G41　X35.　D1；	建立刀具半径左补偿
N50	Y－20.207；	
N60	X0.　Y－40.415；	

（续）

O0001		说明
N70	X－35.　Y－20.207;	
N80	Y20.207;	
N90	X0.　Y40.415;	
N100	X35.　Y20.207;	
N110	Y0.;	
N120	G1　G40　X90.;	撤销刀具半径补偿
N130	G0　Z20.;	
N140	M5;	
N150	M30;	

三、选择数控机床

本任务选用的机床为广州数控21MA系统的VMC850数控铣床。

四、夹具及工件安装

将机用虎钳安装在工作台上（图1-21），并将机用虎钳找正。然后将工件安装在机用虎钳上。

机用虎钳安装找正方法：将机用虎钳底座安装面清洁干净，将机床工作台面清洁干净，然后将机用虎钳安放在机床工作台上，将虎钳固定螺母（左右各一）锁紧。松开机用虎钳调整锁紧螺母（左右各一），将百分表按图1-22所示方法安装，百分表测头接触到机用虎钳的固定钳口1～2mm，要求百分表测头尽量与所测面垂直。左右移动机床工作台，使百分表测头在固定钳口左右两端来回移动，观察百分表表针偏摆范围，然后调整固定钳口的角度，使表针指向偏摆范围的中间位置，再左右移动机床工作台，调整固定钳口的角度，直到百分表的测头从固定钳口的一端移动到另一端时百分表的指针不再摆动，然后紧固机用虎钳调整锁紧螺母。机用虎钳找正就完成了。

图1-21　机用虎钳安装图

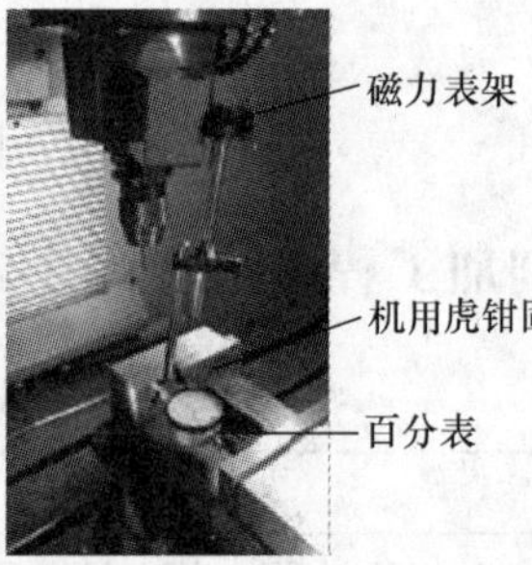

磁力表架
机用虎钳固定钳口
百分表

图1-22　百分表找正机用虎钳

五、工件对刀及工件坐标系的建立

对刀的准确程度将直接影响位置精度。对刀方法一定要同零件位置精度要求相适应。当零件位置精度要求较高时，可用寻边器找正，使工件坐标系原点与对刀点一致。

如果位置精度要求不太高，为方便操作，可以采用碰刀（或试切）的方法确定刀具与工件的相对位置进行对刀（图1-23）。其操作步骤为：

1）将铣刀安装到主轴上并使主轴中速旋转；将显示界面设为“相对坐标”方式。

2）手动移动铣刀沿 *X* 方向缓慢靠近被测边，直到铣刀切削刃轻微接触到工件表面。将此时的 *X* 坐标值清零。

3）将铣刀沿 *Z* 正方向退离工件，并沿 *X* 轴向工件另一侧移动，将 *Z* 轴降到刚才的对刀高度，移动刀具靠近工件，直到铣刀切削刃轻微接触到工件表面，记录下两次测量的距离。

4）将距离值除以2（有分中功能的系统可以执行“分中”操作），计算出两次测量距离的中点值，将 *Z* 轴向正方向移动，刀具离开工件表面。然后将 *X* 轴移动至该中点。将此时的机床坐标 *X* 值输入系统偏置寄存器 G54（或 G55、G56、G59）中相对应的 *X* 项中，*X* 方向对刀就对好了。

5）同理，沿 *Y* 方向重复以上操作，将此时的机床坐标 *Y* 值输入系统偏置寄存器 G54（或 G55、G56、G59）中相对应的 *Y* 项中，*Y* 方向对刀就对好了。

6）将刀具缓慢靠近工件上表面，当刀具接触到工件上表面时，将此时的机床坐标 *Z* 值输入系统偏置寄存器 G54（或 G55、G56、G59）中相对应的 *Z* 项中，*Z* 方向对刀就对好了。当 *X*、*Y*、*Z* 三个方向都输入完成后，对刀就完成了。

为避免损伤工件表面，可以在刀具和工件之间加入塞尺或量棒进行对刀，计算时应将塞尺或量棒的厚度减去，也能确定工件坐标系。

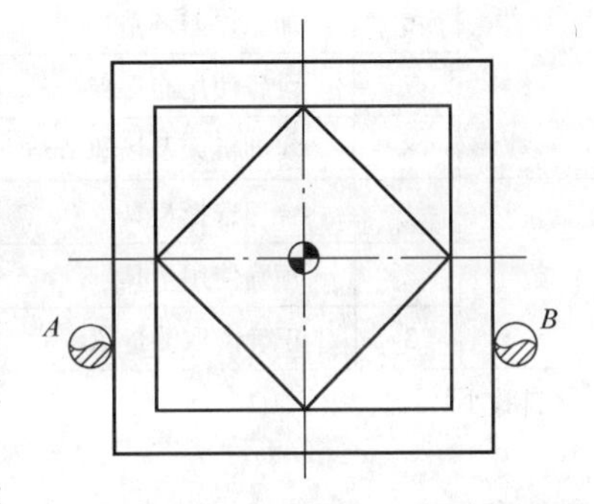

图1-23　方形零件对刀示意图

任务评价

根据任务完成情况，由指导教师和操作学生共同完成任务评价表，见表1-5。

表1-5　任务评价表

任务名称：			评定成绩：	
注意事项	发生重大事故（人身或设备安全事故）、严重违反工艺原则、野蛮操作等，取消本次任务实训资格，本次成绩评定为不及格			
类别	序号	评价项目	自我评价（A、B、C、D）	教师评价（A、B、C、D）
编程	1	正确使用编程指令及格式		
	2	合理选择编程原点		
	3	各节点坐标正确无误		
	4	合理安排加工工艺		
	5	合理安排加工路径		
	6	程序能够顺利完成加工		
工件及刀具安装	1	正确选择工件装夹方式及夹具		
	2	夹具安装正确、牢固		
	3	选择与加工程序相符合的刀具		

（续）

类别	序号	评价项目	自我评价（A、B、C、D）	教师评价（A、B、C、D）
工件及刀具安装	4	刀具安装正确、牢固		
	5	工件装夹正确、牢固		
操作加工	1	着装规范		
	2	设备操作步骤规范		
	3	校验加工程序		
	4	正确进行对刀操作		
	5	合理调整切削用量		
	6	加工误差调整		
	7	设备使用与保养		
	8	实训机床及场地清洁		
检测	1	合理选择量具		
	2	正确使用量具		
	3	正确读取测量值		

自我小结：

学生签字：	教师签字：

任务二　圆弧菱形凸台的加工

学习目标

一、知识目标

1）能够说明圆弧加工指令的格式及含义。

2）能够编制圆弧轮廓凸台类零件的加工程序。

3）会选择合适的切入、切出方式。

4）能够合理选择铣削参数。

二、技能目标

1）能够在数控铣床上正确安装夹具和刀具。

2）能够正确进行对刀操作。

3）能够操作数控铣床加工凸台类零件。

任务引入

根据加工工艺安排，正六边形凸台已在上一任务中加工完成，本任务加工圆弧菱形凸台。加工零件图如图 1-24 所示。

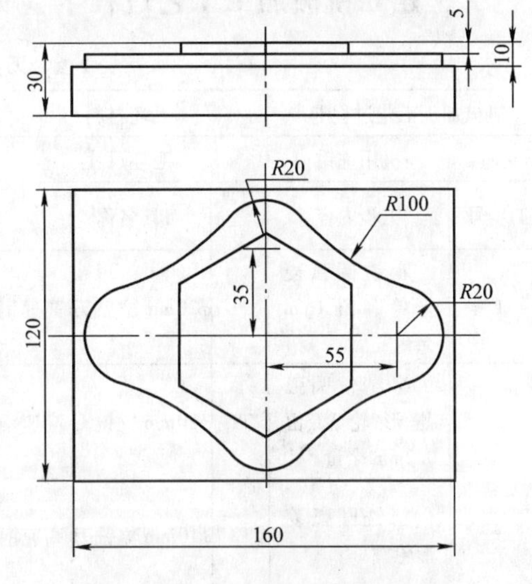

图 1-24　圆弧菱形凸台零件图

任务分析

正六边形凸台在上一任务中已经加工合格，本次任务是粗精加工圆弧菱形凸台，该凸台轮廓由 4 × *R*20 与 4 × *R*100 相切而成，其中 2 × *R*20 圆弧与工件中心的水平和垂直距离分别为 55mm 和 35mm，凸台高度为 5mm。

任务准备

一、设计刀具路径

1. 切入、切出点的选择

1）当零件轮廓有交点且交点处允许外延时，则切入、切出点选在零件轮廓两几何元素的交点处。

2）当轮廓几何元素相切无交点且不允许外延时，则切入、切出点应当选在轮廓线的中段，以圆弧形式切入、切出工件，且刀具切入、切出点应远离拐点，避免加入和取消刀具半径补偿时在轮廓拐角处留下凹口。

3）切入、切出点是用来设置下刀后从外部切入到工件内和加工完毕后将刀具引出到外部的过渡段，通常它也是刀具补偿建立和撤销的阶段。

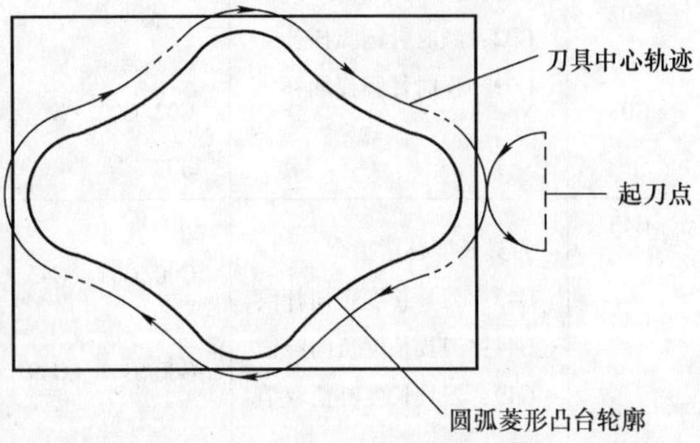

刀具中心轨迹

起刀点

圆弧菱形凸台轮廓

图 1-25　圆弧菱形凸台刀具路径

2. 确定刀具路径

本例圆弧菱形凸台零件采用圆弧切入、圆弧切出方式，刀具路径如图 1-25 所示。

二、刀具及切削参数选择

在同一工序加工中，应尽可能采用较少的刀具数量来完成加工，所以圆弧菱形凸台也和正六边形凸台加工刀具选择相同，即选用 ϕ20mm 高速钢立铣刀来进行粗加工及半精加工，精加工采用 ϕ10mm 高速钢立铣刀，而相应的刀具切削参数也和加工正六边形凸台相同。粗加工时，单边留 1mm 余量；半精加工时，单边留 0.2mm 余量。

三、建立机械加工工艺过程卡（见表 1-6）

表 1-6　刀具加工工艺过程卡

机械加工工艺过程卡		毛坯材料			45 钢		零件图号	图 1-24	
夹具	机用虎钳	毛坯尺寸			160mm×120mm×30mm		零件名称	凸台零件	
工步号	工步内容	刀具号	刀具名称	刀具材料	刀具半径补偿号	刀具半径补偿值/mm	主轴转速/(r/min)	进给量/(mm/min)	进给深度/mm
1	粗铣圆弧菱形轮廓留 1mm 余量	T1	ϕ20mm 立铣刀	高速钢	D1	11	300	40	5
2	半精铣圆弧菱形轮廓留 0.2mm 余量	T1	ϕ20mm 立铣刀	高速钢	D1	10.2	350	50	5
3	精铣圆弧菱形轮廓	T2	ϕ10mm 立铣刀	高速钢	D2	5	550	60	5

四、编程指令学习

编程加工圆弧菱形凸台需要使用的指令见表 1-7。

表 1-7　加工指令表

指令	功能	格式	说明
G02 G03	圆弧插补指令： G02：顺时针圆弧插补 G03：逆时针圆弧插补	G02/G03　X__　Y__　R__　F__；或 G02/G03　X__　Y__　I__　J__　F__；	X、Y 为终点坐标值，F 为进给速度值；R 为圆弧半径值（0＜圆弧角度≤180°，R 为正值；180°＜圆弧角度＜360°，R 为负值）；I、J 为圆心相对于圆弧起点分别在 X、Y 方向的分矢量
G43 G44 G49	刀具长度补偿指令 G43：刀具长度正向补偿 G44：刀具长度负向补偿 G49：刀具长度补偿取消	G00/G01　G43/G44　Z__　H__ G00/G01　G49　Z__	—
G17 G18 G19	坐标平面选择	—	G17：选择 *XY* 平面 G18：选择 *ZX* 平面 G19：选择 *YZ* 平面

1. 坐标平面选择（G17、G18、G19）

格式：　G17；

　　　　G18；

　　　　G19；

该组指令用于选择进行圆弧插补和刀具半径补偿的平面。G17、G18、G19 指令为模态指令，可相互注销。G17 为默认值。

注意：移动指令与平面选择无关。例如，执行 G17　G01　Z10 指令时，*Z* 轴照样会移动。

2. 圆弧插补指令（G02/G03）

G02/G03 指令：刀具以 F 指令给定的进给速度在各坐标平面内以圆弧插补的方式移动到指令给定的终点位置，并在此过程中进行切削加工。运行的方向由 G 功能定义：G02 用于顺时针圆弧插补；G03 用于逆时针圆弧插补。

判别方法：顺时针或逆时针是从垂直于圆弧所在平面的坐标轴的正方向，向负方向看到的回转方向。在坐标系中的具体结果如图 1-26 所示。

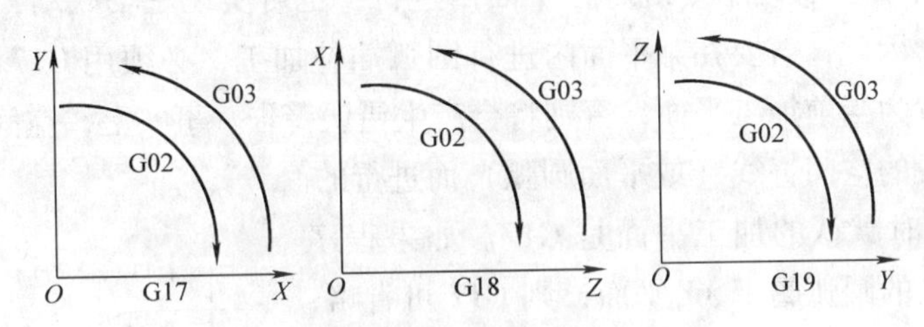

图 1-26　不同平面的顺、逆圆弧方向标示

（1）格式

G17　G02/(G03)　X__　Y__　I__　J__　F__;

或　G17　G02/(G03)　X__　Y__　R__　F__;

G18　G02/(G03)　X__　Z__　I__　K__　F__;

或　G18　G02/(G03)　X__　Z__　R__　F__;

G19　G02/(G03)　Y__　Z__　J__　K__　F__;

或　G19　G02/(G03)　Y__　Z__　R__　F__;

说明：G02、G03 指令均为模态指令。模态指令是指一经程序指定便一直有效的指令，后面程序出现同组另一指令，或被其他指令取消后才失效。编写程序时，与上段相同的模态指令可省略不写。不同组模态指令在同一程序段内不影响其效果。非模态指令是仅在出现的程序段有效的指令。

其中，X__　Y__　Z__用于指定圆弧终点坐标值，在绝对坐标（G90）时，为圆弧终点在工件坐标系中的坐标；在相对坐标（G91）时，为圆弧终点相对于圆弧起点的位移量。

I__　J__　K__为圆心相对于圆弧起点分别在 *X*、*Y*、*Z* 方向的分矢量，是从圆弧起点运动到圆心的增量坐标值（即圆心相对于圆弧起点的距离），与 G90、G91 无关。不管是 G90 编程还是 G91 编程，I、J、K 总是增量值，I、J、K 必须根据方向指定其符号（正或负），也等于圆心的坐标减去圆弧起点的坐标（带符号）。I、J、K 的选择如图 1-27 所示。

R__用于指定圆弧的半径。当圆弧的圆心角≤180°时，R 取正值；当圆弧的圆心角≥180°时，R 取负值。

F__用于指定被编程的两个轴的合成进给速度。

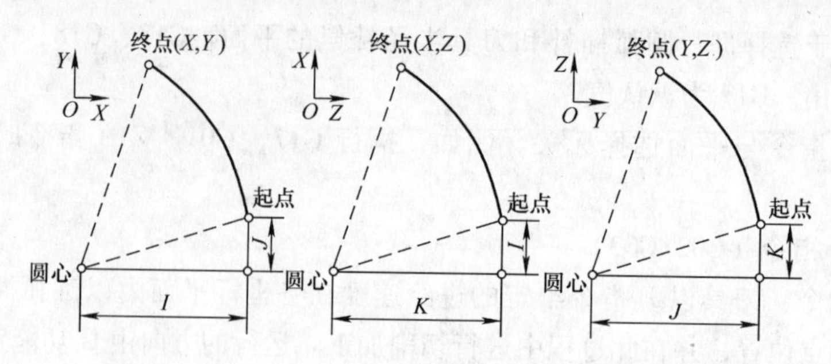

图 1-27　I、J、K 在不同坐标平面对应的选择

注意：

1）前述 G00、G01 移动指令既可在平面内进行，也可实现三轴联动，而圆弧插补只能在某平面内进行。因此，若要在某平面内进行圆弧插补加工，必须用 G17、G18、G19 指令事先将该平面设置为当前加工平面，否则将会产生错误警告。事实上，空间圆弧曲面的加工都是转化为一段段的空间直线（或平面圆弧）而进行的。

2）机床起动时默认的加工平面是 G17。如果程序中刚开始时所加工的圆弧属于 *XY* 平面，则 G17 可省略，一直到有其他平面内的圆弧加工时才指定相应的平面设置指令；再返回到 *XY* 平面内加工圆弧时，则必须指定 G17。如果指令了不在指定平面的轴时，系统将显示报警。

3）坐标平面选择 G17、G18、G19。该组指令用于选择进行圆弧插补和刀具半径补偿的平面。G17、G18、G19 为模态功能，可相互注销。

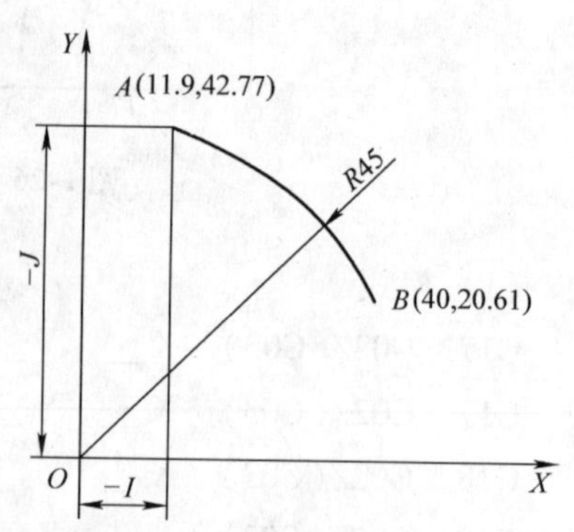

图 1-28　圆弧应用示例

（2）应用示例

1）一般的圆弧如图 1-28 所示。

① 使用绝对值方式编程格式为（*A* 点为起点，*B* 点为终点）：

G90　G02　X40　Y20.61　I－11.9　J－42.77　F200；　　（I、J 方式）

或　G90　G02　X40　Y20.61　R45　F200；　　（R 方式）

其运动方向相反（即 *B* 点为起点，*A* 点为终点）的编程格式为：

G90　G03　X11.9　Y42.77　I－40　J－20.61　F200；

或　G90　G03　X11.9　Y42.77　R45　F200；

② 使用增量值方式编程格式为（*A* 点为起点，*B* 点为终点）：

G91　G02　X28.1　Y－22.16　I－11.9　J－42.77　F200；（I、J 方式）

或　G91　G02　X28.1　Y－22.16　R45　F200；　　（R 方式）

其运动方向相反（即 *B* 点为起点，*A* 点为终点）的编程格式为：

G91　G03　X－28.1　Y22.16　I－40　J－20.61　F200；

G03　X－28.1　Y22.16　R45　F200；

2）圆心角大于或小于180°编程示例如图1-29所示。

从图1-29可以看出，如果不考虑R的正负，不论是路径1还是路径2，从*A*点运动到*B*点的程序均为“G02　X38　Y－24.1　R45　F200;”反之亦然。由此可见，该方式将会出现不唯一性，这是数控编程中所不允许的。因此，用R方式编程必须根据圆弧圆心角的大、小半圆来确定格式。

路径1的程序为：G02　X38　Y－24.1　R－45　F200;　　（圆心角大于180°）

路径2的程序为：G02　X38　Y－24.1　R45　F200;　　（圆心角小于180°）

3）整圆编程如图1-30所示，利用I、J、K来规定圆心位置，可以加工一个整圆（利用R来规定圆弧半径不能加工整圆）。

G02（G03）　I__　J__ K__;

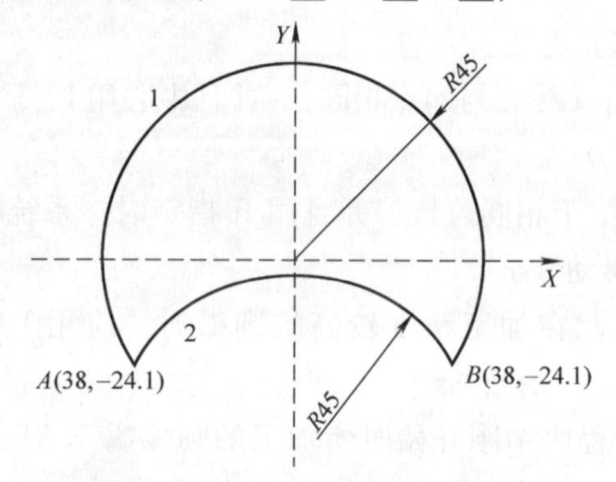

图1-29　R值取正、负的路径示例

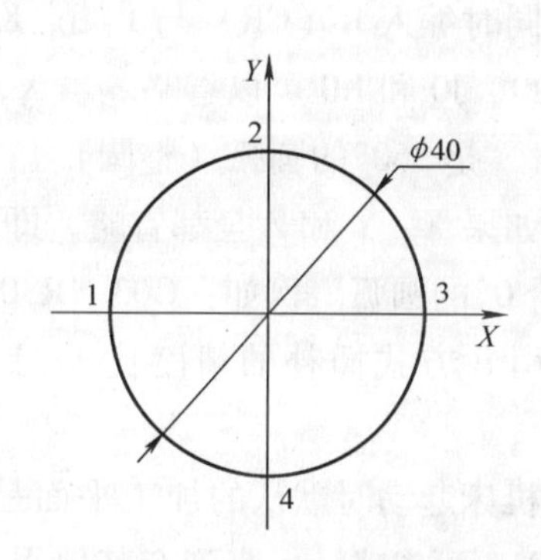

图1-30　整圆编程示例

① 该整圆的加工程序如下（加工的起点在第1点）:

N10　G90　G00　G54　X0　Y0;　　（用绝对方式快速运动到圆心点）

N20　M03　S600;　　（主轴以600r/min的速度正转）

N30　G01　X－20　F300;　　（以300mm/min的进给速度运动到1点）

N40　G02　I20;　　（用顺时针方式加工ϕ40mm的圆）

N50　G01　X0　F600;　　（返回到圆心点）

N60　M30;　　（程序结束并返回程序头）

② 若将加工的起点改在第2点，则加工程序如下:

…

N30　G01　Y20　F300;　　（以300mm/min的进给速度运动到2点）

N40　G02　J－20;　　（用顺时针方式加工ϕ40mm的圆）

N50　G01　Y0　F600;　　（返回到圆心点）

…

③ 若将加工的起点改在第3点，则加工程序如下:

…

N30　G01　X20　F300;　　（以300mm/min的进给速度运动到3点）

N40　G02　I－20;　　（用顺时针方式加工ϕ40mm的圆）

N50　G01　X0　F600；　　　　　　　　　（返回到圆心点）

…

④ 若将加工的起点改在第4点，则加工程序如下：

…

N30　G01　Y－20　F300；　　　　　　　（以300mm/min的切削进给速度运动到4点）

N40　G02　J20；　　　　　　　　　　　（用顺时针方式加工ϕ40mm的圆）

N50　G01　Y0　F600；　　　　　　　　（返回到圆心点）

…

注意：

① 整圆编程时，不可以使用R（CR），只能用I、J、K。

② 同时编入R（CR）与I、J、K时，R（CR）有效。

③ I0、J0和K0可以省略。当X、Y和Z省略（终点与起点相同），并且中心用I、J和K指定时，是360°的圆弧（整圆）。

④ 如果X、Y和Z全都省略，即终点和起点位于相同位置，并且用R指定时，系统将编程一个0°的圆弧。例如：G03　R30；（刀具不移动）

⑤ 用R方式插补的精度比I、J方式低，因此在加工精度较高的圆弧时，应用I、J方式。

⑥ 机床起动时默认的加工平面是G17。如果程序中刚开始时所加工的圆弧属于*XY*平面，则G17可省略，一直到有其他平面内的圆弧加工时才指定相应的平面设置指令；再返回到*XY*平面内加工圆弧时，则必须指定G17。

3. 刀具长度补偿

数控系统除了具有刀具半径补偿功能外，还具有刀具长度补偿功能。刀具长度补偿功能使刀具在垂直于进给平面的方向上偏移一个刀具长度修正值。因此在数控编程过程中，一般无须考虑刀具长度。这样，避免了由于加工运行过程中经常换刀或者多刀加工中，需要经常对刀的麻烦。

1）刀具长度补偿的指令和格式。

G00/G01　G43（G44）　X__　Y__　Z__　H__；

G00/G01　G49　Z__；

G43用于指定刀具长度正补偿；G44用于指定刀具长度负补偿；G49用于指定取消刀具长度补偿。

其中，H__为存储刀具长度补偿的地址。

刀具长度补偿只对选择平面（G17～G19）的垂直轴（*Z*、*Y*、*X*）起作用，相应的格式如下：

G17　G43（G44）　Z__　H__；

G18　G43（G44）　Y__　H__；

G19　G43（G44）　X__　H__；

刀具补偿的实质：就是将*Z*轴运动的终点向正或负向偏移一段距离。该指令等于H指

令的补偿号中存储的补偿值。使长度不一样的刀具端面（刀位点）在 Z 轴方向的运动过程中，到达程序规定的实际位置。

2）刀具长度补偿的原理。通过图 1-31 可以看出三把刀具距离工件上表面的距离分别是 A、B、C。

如果没有刀具长度补偿功能，要使长度不一样的刀具到达工件同一表面的位置，必须分别编写程序行为

G00　Z（－A）;

G00　Z（－B）;

G00　Z（－C）;

这种编程方式既麻烦又容易出错。

可以采用以下方式进行刀具长度补偿：

把多把刀具中最长或者最短的刀具作为基准刀具，用 Z 向设定器对刀。图 1-31 中以 1 号刀作为基准对刀，则 H01 = 0，H02 = A－B，H03 = A－C。

相应的程序段就可以写成

G00　G43　H01　Z0;

G00　G43　H02　Z0;

G00　G43　H03　Z0;

则此时刀具将自动计算出向下分别移动－A、－B 和－C。

刀具长度补偿在整个程序中的应用分为刀具长度补偿的建立、刀具长度补偿的执行、刀具长度补偿的取消三个过程。

3）建立刀具长度补偿指令。当程序指令刀具长度补偿时，数控系统从刀具偏置存储器中取出由 H 码指定（偏置号）的刀具长度补偿值，并与程序的移动指令相加（减），具体运算方法如图 1-32 所示。

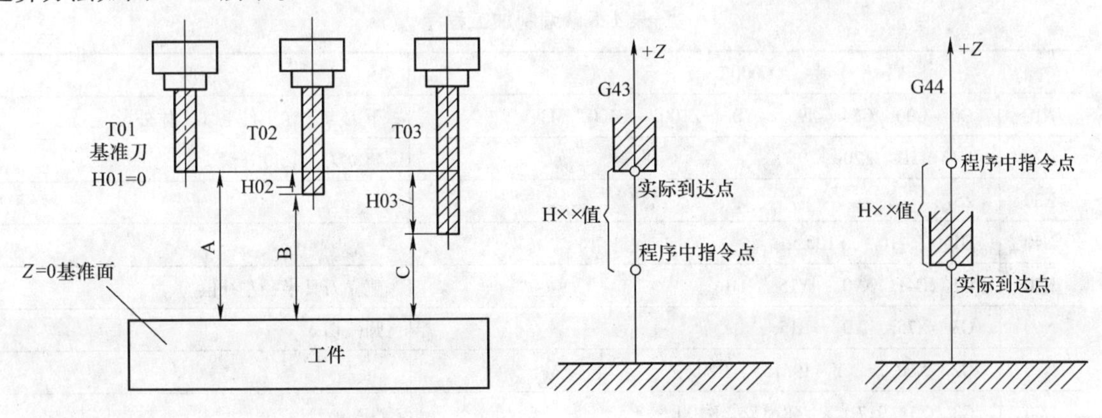

图 1-31　刀具长度补偿原理　　　图 1-32　刀具长度补偿示例

① 正补偿 G43。正补偿是刀具沿 Z 轴正方向进行偏置的过程，即将 Z 坐标尺寸与 H 代码中存储的长度补偿值相加，按其结果进行 Z 轴运动，如：

G90　G43　Z10　H01;

其中，H01 = 8mm，则 Z 向实际到达点 =（10 + 8）mm = 18mm。

② 负补偿 G44。负补偿是刀具沿 Z 轴负方向进行偏置的过程，即将 Z 坐标尺寸与 H 代码中存储的长度补偿值相减，按其结果进行 Z 轴运动，如：

G90 G43 Z10 H01；

其中，H01 = 8mm，则 Z 向实际到达点 = （10 - 8）mm = 2mm。

4）刀具长度补偿的取消就是在 Z 向运动中取消长度补偿，必须使用一条 Z 向移动指令取消过程。补偿号 H00 也意味着取消刀具长度补偿，如：

G49 G00 Z100；

或 G44 G00 Z10 H00；

任务实施

一、分析基点坐标

利用 CAD 软件进行基点坐标分析，得出如图 1-33 所示部分基点坐标。

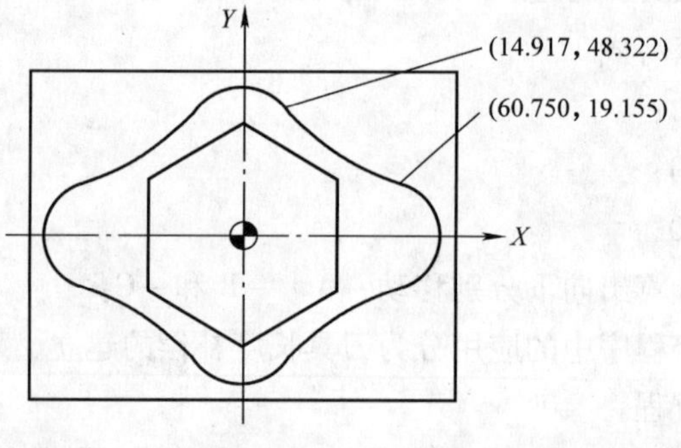

图 1-33 基点坐标

二、编制加工程序（见表 1-8）

表 1-8 编制加工程序

O0002		说明
N10	G0 G90 G54 X90. Y0. Z100. S400 M3；	下刀点定在工件毛坯实体外
N20	G43 H1 Z20.；	建立刀具长度补偿
N30	Z5.；	
N40	G1 Z-10. F100.；	
N50	G1 G41 X90. Y15. D1；	建立刀具半径左补偿
N60	G3 X75. Y0. R15.；	圆弧切入
N70	G2 X60.75 Y-19.155 R20.；	
N80	G3 X14.917 Y-48.322 R100.；	
N90	G2 X-14.917 R20.；	
N100	G3 X-60.75 Y-19.155 R100.；	
N110	G2 Y19.155 R20.；	
N120	G3 X-14.917 Y48.322 R100.；	

（续）

	O0002	说明
N130	G2　X14.917　R20.；	
N140	G3　X60.75　Y19.155　R100.；	
N150	G2　X75.　Y0.　R20.；	
N160	G3　X90.　Y-15.　R15.；	圆弧切出
N170	G1　G40　Y0.；	撤销刀具半径补偿
N180	G1　G49　Z100.；	撤销刀具长度补偿
N190	M5；	
N200	M30；	

任务评价

根据任务完成情况，由指导教师和操作学生共同完成任务评价表，见表1-9。

表1-9　任务评价表

任务名称：			评定成绩：	
注意事项	发生重大事故（人身或设备安全事故）、严重违反工艺原则、野蛮操作等，取消本次任务实训资格，本次成绩评定为不及格			
类别	序号	评价项目	自我评价（A、B、C、D）	教师评价（A、B、C、D）
编程	1	正确使用编程指令及格式		
	2	合理选择编程原点		
	3	各节点坐标正确无误		
	4	合理安排加工工艺		
	5	合理安排加工路径		
	6	程序能够顺利完成加工		
工件及刀具安装	1	正确选择工件装夹方式及夹具		
	2	夹具安装正确、牢固		
	3	选择与加工程序相符合的刀具		
	4	刀具安装正确、牢固		
	5	工件装夹正确、牢固		
操作加工	1	着装规范		
	2	设备操作步骤规范		
	3	校验加工程序		
	4	正确进行对刀操作		
	5	合理调整切削用量		
	6	加工误差调整		
	7	设备使用与保养		
	8	实训机床及场地清洁		

（续）

类别	序号	评价项目	自我评价（A、B、C、D）	教师评价（A、B、C、D）
检测	1	合理选择量具		
	2	正确使用量具		
	3	正确读取测量值		
自我小结：				
学生签字：			教师签字：	

一、数控铣床及加工中心安全操作规程

1. 数控铣床安全操作规程

1）操作者必须熟悉机床使用说明书和机床的一般性能、结构，严禁超性能使用。

2）工作前穿戴好个人的防护用品，长发（男女）学生戴好工作帽，头发压入帽内，切削时戴防护眼镜，严禁戴手套。

3）开机前要检查润滑油是否充裕、切削液是否充足，发现不足应及时补充。

4）打开数控铣床电器柜上的电器总开关。

5）按下数控铣床控制面板上的“ON”按钮，启动数控系统，等自检完毕后进行数控铣床的强电复位。

6）手动返回数控铣床参考点。首先返回 $+Z$ 方向，然后返回 $+X$ 和 $+Y$ 方向。

7）手动操作时，在 X、Y 轴移动前，必须使 Z 轴处于安全位置，以免撞刀。

8）数控铣床出现报警时，要根据报警号，查找原因，及时排除警报。

9）更换刀具时，应注意操作安全。在装入刀具时，应将刀柄和刀具擦拭干净。

10）在自动运行程序前，必须认真检查程序，确保程序的正确性。操作过程中，必须集中注意力，谨慎操作。运行过程中，一旦发生问题，及时按下复位按钮或紧急停止按钮。

11）加工完毕后，应把刀架停放在远离工件的换刀位置。

12）实习学生在操作时，旁观的同学禁止按控制面板的任何按钮、旋钮，以免发生意外及事故。

13）严禁任意修改、删除机床参数。

14）生产过程中产生的废机油和切削液，要集中存放到废液标识桶中，倾倒过程中应防止滴漏到桶外，严禁将废液倒入下水道，以防污染环境。

15）关机前，应使刀具处于安全位置，把工作台上的切屑清理干净，把机床擦拭干净。

16）关机时，先关闭系统电源，再关闭电器总开关。

17）做好机床清扫工作，保持清洁，认真执行交接班手续，填好交接班记录。

2. 加工中心安全规则

1）必须遵守加工中心安全操作规程。

2）工作前，按规定穿戴好防护用品，扎好袖口，不准戴围巾、戴手套、打领带、围围裙，女工发辫应挽在帽子内。

3）开机前检查刀具补偿、机床零点、工件零点等是否正确。

4）各按钮相对位置应符合操作要求。认真编制、输入数控程序。

5）要检查设备上的防护、保险、信号、位置、机械传动部分、电气、液压、数显等系统的运行状况，在一切正常的情况下方可进行切削加工。

6）加工前机床试运转，应检查润滑、机械、电气、液压、数显等系统的运行状况，在一切正常的情况下方可进行切削加工。

7）机床按程序进入加工运行后，操作人员不准接触运动着的工件、刀具和传动部分，禁止隔着机床转动部分传递或拿取工具等物品。

8）调整机床、装夹工件和刀具，以及擦拭机床时，必须停车进行。

9）工具或其他物品不许放在电器、操作柜及防护罩上。

10）不准用手直接清除铁屑，应使用专门工具清扫。

11）发现异常情况及报警信号，应立即停车，请有关人员检查。

12）不准在机床运转时离开工作岗位，因故要离开时，应将工作台放在中间位置，刀杆退回，必须停车，并切断主机电源。

二、数控铣床简介

1. 数控铣床的诞生

数控加工是指采用数字信息对零件加工过程进行定义，并控制机床进行自动运行的一种自动化加工方法。数控加工技术是20世纪40年代后期，为适应加工复杂外形零件而发展起来的一种自动化技术。1947年，美国帕森斯（Parsons）公司为了精确地制作直升机机翼、桨叶和飞机框架，提出了用数字信息来控制机床自动加工外形复杂零件的设想，他们利用电子计算机对机翼加工路径进行数据处理，并考虑到刀具直径对加工路径的影响，使得加工精度达到±0.0015in（±0.0381mm），这在当时的水平来看是相当高的。1949年，美国空军为了能在短时间内制造出经常变更设计的火箭零件，与帕森斯公司和麻省理工学院（MIT）伺服机构研究所合作，于1952年研制成功世界上第一台数控机床——三坐标立式铣床，可控制铣刀进行连续空间曲面的加工，揭开了数控加工技术的序幕。

2. 数控铣床的组成部分

数控铣床一般由铣床主机、控制部分、驱动部分及辅助部分等组成。

（1）铣床主机　它是数控铣床的机械本体，包括床身、主轴箱、工作台和进给机构等。

（2）控制部分　它是数控铣床的控制核心。

（3）驱动部分　它是数控铣床执行机构的驱动部件，它包括主轴电动机和进给伺服电动机等。

（4）辅助部分　它是数控铣床的一些配套部件，包括液压装置、气动装置、冷却系统、润滑系统和排屑装置等。

3. 数控铣床分类

数控铣床按照不同的属性有多种分类方法。

1）按照主轴安装所处的位置分类，数控铣床可分为立式数控铣床、卧式数控铣床等。

① 立式数控铣床。立式数控铣床是数控铣床中数量最多的一种，应用范围最广（图 1-34）。小型数控铣床 *X*、*Y*、*Z* 方向的移动一般都由工作台完成；主运动由主轴完成，与普通立式升降台铣床相似。中型数控立铣的纵向和横向移动一般由工作台完成，且工作台还可以手动升降，主轴除完成主运动外，还能沿垂直方向伸缩。

② 卧式数控铣床。卧式数控铣床与通用卧式铣床相同，其主轴轴线平行于水平面（图 1-35）。为了扩大加工范围和扩充功能，卧式数控铣床通常采用增加数控转盘或万能转盘来实现四坐标和五坐标加工，这样不但工件侧面上的连续回转轮廓可以加工出来，而且可以实现一次装夹，通过转盘改变工位，进行“四面体加工”。尤其是万能数控转盘可以把工件上各种不同的角度或空间角度的加工面摆成水平加工，这样，可以省去很多专用夹具或专用角度的成形铣刀。对于箱体类零件或需要在一次装夹中改变工位的零件来说，选择带数控转盘的卧式数控铣床进行加工是非常合适的。由于卧式数控铣床在增加了数控转盘后很容易做到对加工零件进行“四面加工”，在许多方面胜过带数控转盘的立式数控铣床，所以目前已得到很多用户的重视。

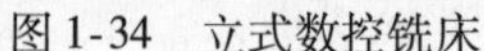
图 1-34　立式数控铣床

图 1-35　卧式数控铣床

2）按照伺服系统的控制方式分类，数控铣床可分为开环控制数控铣床和闭环控制数控铣床。其中，开环控制数控铣床控制信号是单向的，没有反馈装置。反馈装置安装在丝杠等旋转部件上的控制方式称为半闭环控制铣床；反馈装置安装在工作台等平移部件上的控制方式称为全闭环控制铣床。

3）按照可联动（同时控制）轴数分类，数控铣床可以分为两坐标联动控制、2.5 坐标联动控制、三坐标联动控制、四坐标联动控制、五坐标联动控制等。

知识巩固

1. 写出零件加工的基本步骤。

2. 总结切削用量的确定方法。

3. 写出采用圆弧指令编程时，R 功能和 I、J、K 功能的区别。

4. 写出图 1-36 所示各点的坐标并编写轮廓的加工程序（不考虑刀具半径，Z 向深度为 2mm）。

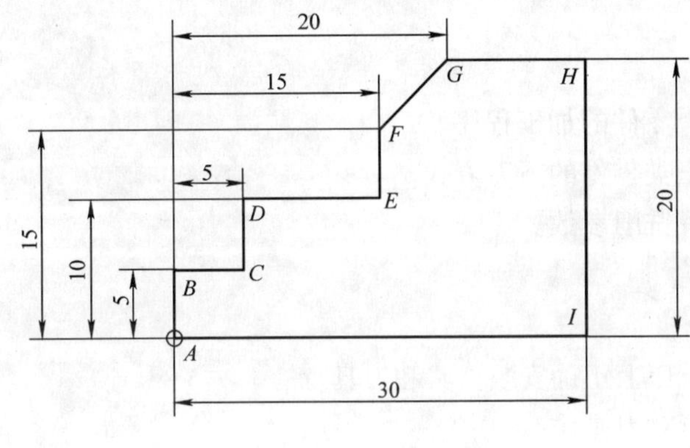

图 1-36　习题 4 图

5. 写出图 1-37 所示各点的坐标（要求自定编程坐标系原点），并编写轮廓的加工程序，Z 向深度为 2mm。

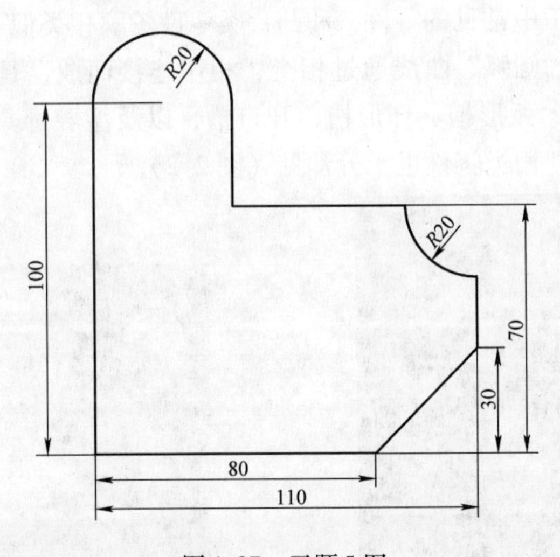

图 1-37　习题 5 图

情境二　槽类零件的加工

学习目标

一、知识目标

1）能够编制槽类零件的加工程序。

2）能合理选择槽类零件的下刀方式。

3）能够合理选择铣削参数。

二、技能目标

1）能够在数控铣床上正确安装夹具和刀具。

2）能够正确进行对刀操作。

3）能够操作数控铣床加工槽类零件。

任务引入

槽类零件是铣削加工中常见的零件，和凸台类零件轮廓相类似，只是加工方向相反。槽类零件轮廓主要由直线、圆弧、曲线通过相交、相切连接而成，具有一定的加工深度（图 2-1）。机械零件的直槽、弧形槽、环形槽、开口槽，以及型腔都具有槽类零件的特点。在模具零件的加工过程中，槽类零件也十分常见（图 2-2）。

图 2-1　型腔零件

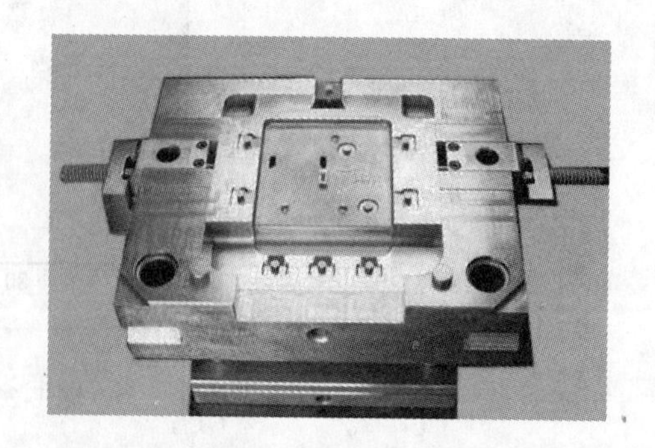

图 2-2　模具实体

图 2-3 所示零件是根据常见模具结构简化而成的。铣削加工如图 2-3 所示零件，其材料为 45 钢，零件毛坯尺寸为 ϕ120mm × 25mm。试分析零件图，确定加工工艺，编制加工程序，并操作数控铣床加工本例凹槽零件。

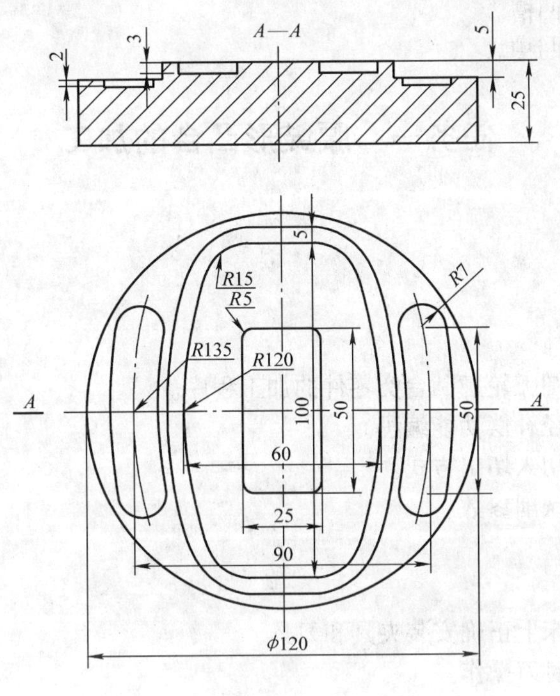

图 2-3 槽类零件加工图

任务分析

该零件在 ϕ120mm × 25mm 圆柱体顶面加工有一个宽度为 5mm、高度为 5mm 的腰鼓形凸台；在凸台内侧有一个环形凹槽，凹槽深度为 3mm；在凸环的左右各有一个弧形凹槽，凹槽深度为 2mm，槽宽为 14mm（图 2-4）。

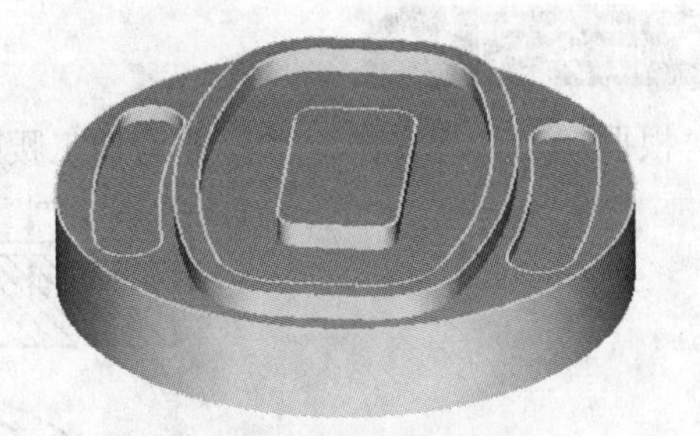

图 2-4 凹槽零件三维实体图

任务实施

一、凹槽零件编程坐标系的确定

由于该凹槽零件在 *XY* 平面内为对称结构，在建立编程坐标系时，将坐标系 *X*、*Y* 轴的原点定在零件的对称中心处，*Z* 轴的原点定在零件的上表面（图 2-5）。

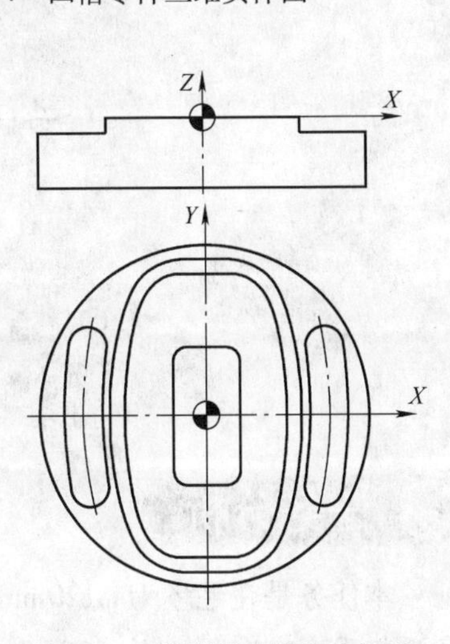

图 2-5 凹槽零件编程坐标系

二、加工工艺安排

根据零件结构，按照从上到下、先面后孔、先里后外的加工原则，现确定加工工步如下：

1）粗精加工腰鼓形凸台。

2）粗精加工环形凹槽。

3）粗精加工弧形凹槽。

任务一　腰鼓形凸台的加工

任务目标

一、知识目标

1）能够熟练编制圆弧轮廓凸台类零件的加工程序。

2）会利用刀具半径补偿功能编程。

3）会选择合适的切入切出方式。

4）能够合理选择铣削参数。

二、技能目标

1）能够在数控铣床上正确安装夹具和刀具。

2）能够正确进行对刀操作。

3）能够操作数控铣床加工凸台类零件。

任务引入

根据加工工艺安排，本任务为加工腰鼓形凸台，现将零件图简化，如图2-6所示。

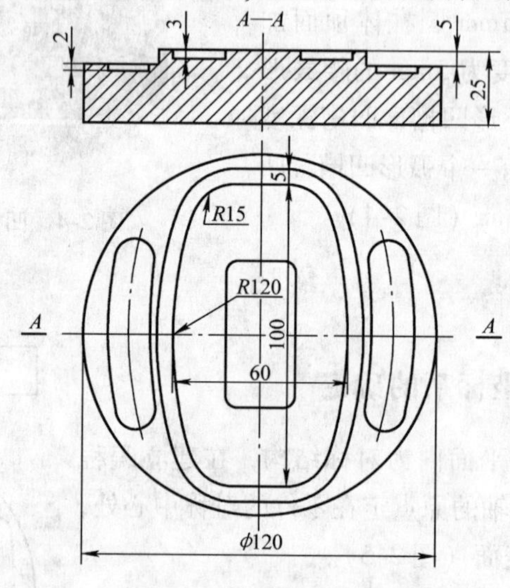

图2-6　腰鼓形凸台

任务分析

本任务是在毛坯为ϕ120mm×25mm工件上粗精加工腰鼓形凸台，凸台轮廓由2×R125圆弧与垂直方向尺寸为110mm直线相交，在四角倒4×R20圆角，凸台水平方向尺寸为

70mm，高度尺寸为5mm。

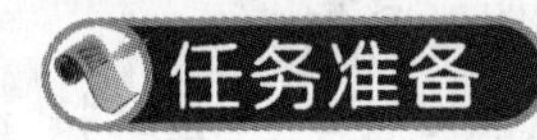

一、工件装夹方案

对于毛坯为圆柱形的工件，一般采用自定心卡盘（图2-7）进行装夹。

二、设计刀具路径

本例腰鼓形凸台的加工采用切线切入、切线切出的方式，加工路径如图2-8所示。

图2-7　自定心卡盘

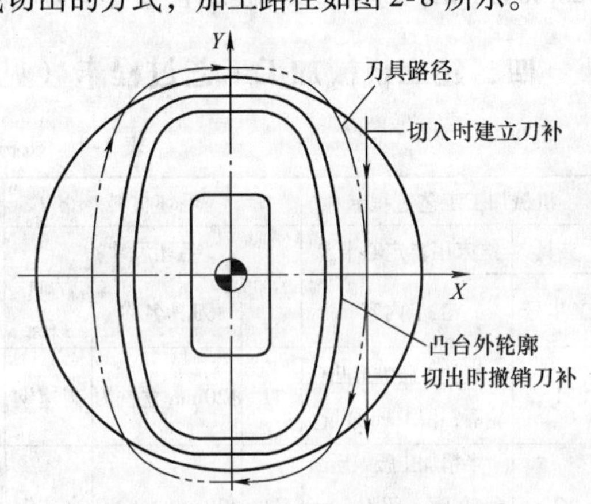

图2-8　腰鼓形凸台刀具路径

三、刀具及切削参数的选择

1. 高速钢刀具和硬质合金刀具切削参数选择的区别

高速钢刀具切削参数选择原则：高速钢刀具常选择较大的吃刀量、较低的转速、较低的进给速度。

硬质合金刀具切削参数选择原则：较小的吃刀量、较高的转速、较大的进给速度（“轻拉快跑”原则）。

2. 刀具转速的确定

本例中，腰鼓形凸台外轮廓选用ϕ20mm高速钢立铣刀粗加工及半精加工；选用ϕ10mm硬质合金立铣刀进行所有的轮廓的精加工。由于工件材料为45钢，属于中碳钢，硬度常介于225～290HBW，查附录C知：

1）高速钢立铣刀的铣削速度为15～36m/min。根据公式$n=1000v_c/(\pi d)$，计算出ϕ20mm高速钢立铣刀转速为238～573r/min。将ϕ20mm高速钢立铣刀粗加工转速设为300r/min，半精加工转速设为400r/min。

2）硬质合金立铣刀的铣削速度为54～115m/min。根据公式$n=1000v_c/(\pi d)$，计算出ϕ10mm硬质合金立铣刀转速为1719～3662r/min。将ϕ10mm硬质合金立铣刀精加工转速设为2000r/min。

3. 进给量的确定

由于本例工件材料为45钢，常规硬度介于225～325HBW之间，查附录D知：

1）用高速钢铣刀加工，每齿进给量为0.03～0.15mm/z，常用的立铣刀有2～4齿（按3齿算）。根据公式 $F=fn=a_f zn$，计算出 ϕ20mm高速钢立铣刀进给速度为37～135mm/min。将 ϕ20mm高速钢立铣刀粗加工进给速度设为40mm/min，半精加工进给速度设为50mm/min。

2）用硬质合金立铣刀加工，每齿进给量为0.05～0.20mm/z，常用的立铣刀有3～4齿（按3齿计算）。根据公式 $F=fn=a_f zn$，计算出 ϕ10mm硬质合金立铣刀进给量为300～1200mm/min，将 ϕ10mm硬质合金立铣刀精加工进给量设为300mm/min。

四、建立机械加工工艺过程卡（见表2-1）

表2-1　机械加工工艺过程卡

机械加工工艺过程卡		毛坯材料			45钢		零件图号	图2-6	
夹具	铣床用自定心卡盘	毛坯尺寸			ϕ120mm×25mm		零件名称	凹槽零件	
工步号	工步内容	刀具号	刀具名称	刀具材料	刀具半径补偿号	刀具半径补偿值/mm	主轴转速/(r/min)	进给量/(mm/min)	进给深度/mm
1	粗加工腰鼓形凸台轮廓，留1mm余量	T1	ϕ20mm立铣刀	高速钢	D1	11	300	40	5
2	半精加工腰鼓形凸台轮廓，留0.2mm余量	T1	ϕ20mm立铣刀	高速钢	D1	10.2	400	50	5
3	精加工腰鼓形凸台轮廓	T2	ϕ10mm立铣刀	硬质合金	D2	5	2000	300	5

任务实施

一、分析基点坐标

利用CAD软件进行基点坐标分析，得出如图2-9所示的部分基点坐标。

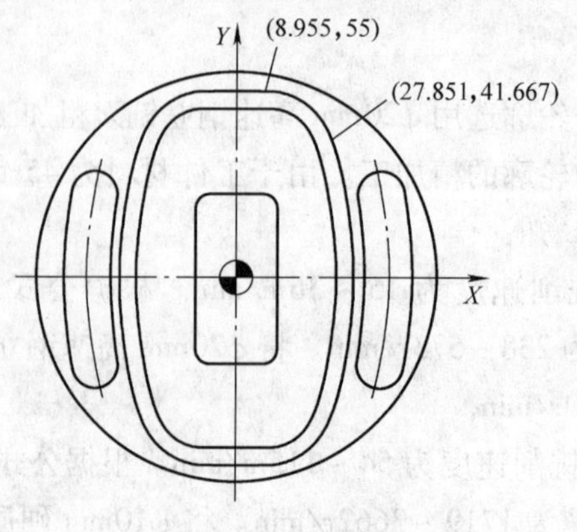

图2-9　基点坐标

二、编制加工程序（见表2-2）

表2-2　编制加工程序

O0001		说明
N10	G0　G90　G54　X35.　Y65.　Z100.　S400　M3；	
N20	G43　H1　Z20.；	
N30	Z5.；	
N40	G1　Z－5.　F100.；	
N50	G1　G41　Y0.　D1；	
N60	G2　X27.851　Y－41.667　R125.；	
N70	X8.995　Y－55.　R20.；	
N80	G1　X－8.995；	
N90	G2　X－27.851　Y－41.667　R20.；	
N100	Y41.667　R125.；	
N110	X－8.995　Y55.　R20.；	
N120	G1　X8.995；	
N130	G2　X27.851　Y41.667　R20.；	
N140	X35.　Y0.　R125.；	
N150	G1　G40　Y－65.；	
N160	G1　G49　Z100.；	
N170	M5；	
N180	M30；	

三、选择数控机床

本任务选用的机床为广州数控21MA系统的VMC850数控铣床。

四、夹具及工件安装

自定心卡盘安装在机床工作台上，一般要用压板及螺栓进行固定（图2-10）。垫块应略高于自定心卡盘高度，螺栓应尽量靠近自定心卡盘（被固定物）。

将铣用自定心卡盘用压板在工作台上安装好后，在安放工件时要垫上合适的垫块，调整合适的装夹深度（要求工件加工平面应露出自定心卡盘卡爪3～5mm）。

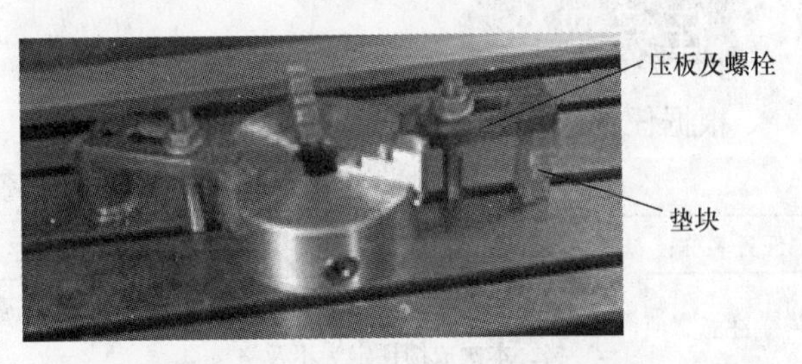

图2-10　自定心卡盘安装图

五、对刀及工件坐标系的建立

1. 采用分中法对刀

对于毛坯为圆柱的工件，可采用如图2-11所示的对刀步骤：将工件装在铣用自定心卡盘上（图2-11所示的A、B、C、D为刀具位置），当刀具移到A点与工件接触时，在相对坐标显示界面将X坐标清零，然后移到B点，将A到B的距离坐标值分中，然后将刀具移动至分中后的坐标点，将此时的 X 轴机床坐标值存储到 G54（或 G55～G59）的 X 值存储单元，并存盘返回。这样就对好了 X 轴。同理可以将 Y 轴对好。Z 轴可将刀具底面接触到工件的上表面对刀。通过以上操作就完成了对刀。圆柱零件对刀过程中应注意的是：在 X 轴方向对刀时，一定不要移动 Y 轴；在 Y 轴方向对刀时，一定不要移动 X 轴。

2. 采用百分表回转法对刀

如图 2-12 所示，将工件正确装夹在铣用自定心卡盘上，将磁力表架吸附在主轴的端面上，将百分表测头指向工件圆弧圆心。在距离工件端面 5～10mm 处手动慢慢旋转主轴，在 $+X$、$-X$、$+Y$、$-Y$ 方向移动主轴，目测调整使工件圆弧外表面与百分表测头的距离在旋转基本保持一致。然后将百分表测头接触工件圆弧表面 1～2mm。再手动旋转主轴，并在 $+X$、$-X$、$+Y$、$-Y$ 方向调整主轴位置，直到百分表围绕工件旋转一周而表针不发生摆动，这时主轴中心就与圆弧零件圆心（也就是自定心卡盘的中心）重合。将此时 X、Y 轴的机床坐标值存入 G54，则 X、Y 轴对刀完成。自定心卡盘具有自定心功能，更换零件后不需再次找中心操作。

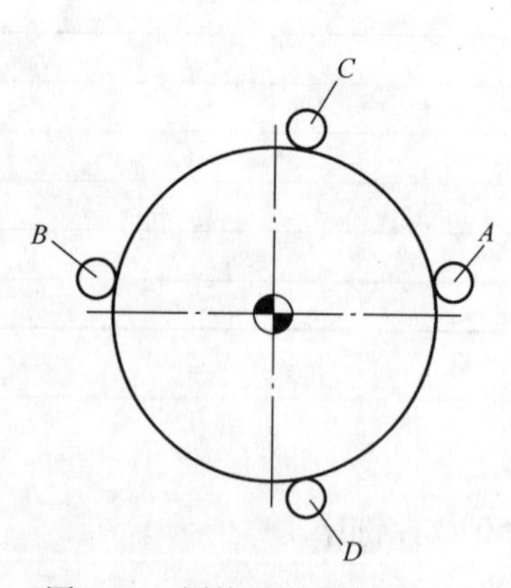

图 2-11　圆柱毛坯分中法对刀

图 2-12　百分表回转式对刀

任务评价

根据任务完成情况，由指导教师和操作学生共同完成任务评价表，见表 2-3。

表 2-3　任务评价表

任务名称：		评定成绩：		
注意事项	发生重大事故（人身或设备安全事故）、严重违反工艺原则、野蛮操作等，取消本次任务实训资格，本次成绩评定为不及格			
类别	序号	评价项目	自我评价（A、B、C、D）	教师评价（A、B、C、D）
编程	1	正确使用编程指令及格式		
	2	合理选择编程原点		
	3	各节点坐标正确无误		
	4	合理安排加工工艺		
	5	合理安排加工路径		
	6	程序能够顺利完成加工		

（续）

类别	序号	评价项目	自我评价 （A、B、C、D）	教师评价 （A、B、C、D）
工件及刀具安装	1	正确选择工件装夹方式及夹具		
	2	夹具安装正确、牢固		
	3	选择与加工程序相符合的刀具		
	4	刀具安装正确、牢固		
	5	工件装夹正确、牢固		
操作加工	1	着装规范		
	2	设备操作步骤规范		
	3	校验加工程序		
	4	正确进行对刀操作		
	5	合理调整切削用量		
	6	加工误差调整		
	7	设备使用与保养		
	8	实训机床及场地清洁		
检测	1	合理选择量具		
	2	正确使用量具		
	3	正确读取测量值		
自我小结：				
学生签字：			教师签字：	

任务二　环形凹槽的加工

学习目标

一、知识目标

1）能够编制槽类零件的加工程序。

2）能合理选择槽类零件的下刀方式（斜线下刀方式）。

3）能够合理选择铣削参数。

二、技能目标

1）能够在数控铣床上正确安装夹具和刀具。

2）能够正确进行对刀操作。

3）能够操作数控铣床加工槽类零件。

任务引入

根据加工工艺安排，本任务为加工环形凹槽，现将零件图简化，如图 2-13 所示。

任务分析

腰鼓形凸台在上次任务已经加工完成，本任务是加工环形凹槽。环形凹槽的外圈轮廓由两段 *R*120mm 圆弧与垂直方向尺寸为 100mm 的直线相交，四角倒 *R*15mm 圆角；环形凹槽的内圈为 50mm × 20mm 的长方形，四角倒 *R*5mm 圆角；环形凹槽深度为 3mm。

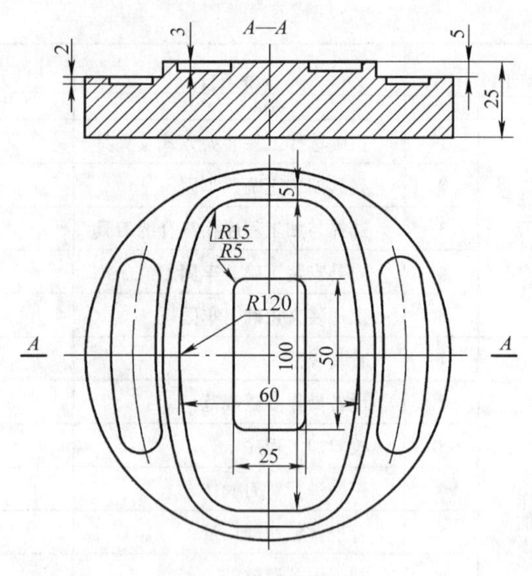

图 2-13　环形凹槽加工图

任务准备

一、设计刀具路径

与加工凸台类外轮廓相比，槽类零件的内轮廓加工过程中的主要问题是如何进行 *Z* 向的进给。根据所用刀具种类的不同，可以分为以下几种 *Z* 向下刀方式。

（1）垂直切深进刀　采用垂直切深进刀时，必须选择切削刃过中心的键槽铣刀或钻铣刀进行加工，而不能采用一般的立铣刀（中心处没有切削刃）。另外，由于采用这种进刀方式切线时，刀具中心的切削线速度为零，因此，即使选用键槽铣刀加工，也应该选择较低的下刀进给速度（一般为 *XY* 平面内切削速度的一半）。

（2）钻工艺孔进刀　在内轮廓加工过程中，有时需要使用立铣刀来加工内型腔，以保证刀具强度。由于立铣刀无法进行 *Z* 向垂直进刀，此时可选用与铣刀直径相当的钻头先加工出工艺孔，再用立铣刀进行 *Z* 向进刀。

（3）三轴联动斜线下刀　采用立铣刀加工槽类零件时，可采用三轴联动斜线方式下刀，从而避免刀具中心部分参与切削。但这种下刀方式无法实现 *Z* 向进给与轮廓加工的平滑过渡，容易产生加工接痕，故常用于粗加工轮廓。

（4）三轴联动螺旋线下刀　采用螺旋线下刀方式容易实现 *Z* 向进刀与轮廓加工的自然平滑过渡，不会产生加工过程中的刀具接痕。

根据槽类零件 *Z* 向下刀方法，环形凹槽的腰鼓形轮廓采用斜线下刀的加工方式，环形凹槽轮廓选择在已有的腰鼓形轮廓加工槽下刀，加工刀具路径如图 2-14 所示。

二、刀具及切削参数选择

1. 刀具直径的选择

加工槽类零件时，所选刀具半径必须小于或等于轮廓的最小凹圆弧半径，不然会产生过

切或程序无法运行。对于环形凹槽，在选择加工刀具时，一定要注意环形凹槽两侧壁之间的最小距离，所选刀具不能大于这个最小距离。在满足加工要求的情况下，考虑到刀具的强度，应尽量选择直径较大的刀具。由于本例环形凹槽两侧壁之间的最小距离为15.47mm，所以选择 ϕ14mm 高速钢立铣刀进行粗加工和半精加工；同一工序加工刀具数量应尽量少，所以本例也选用 ϕ10mm 硬质合金立铣刀进行环形凹槽精加工。

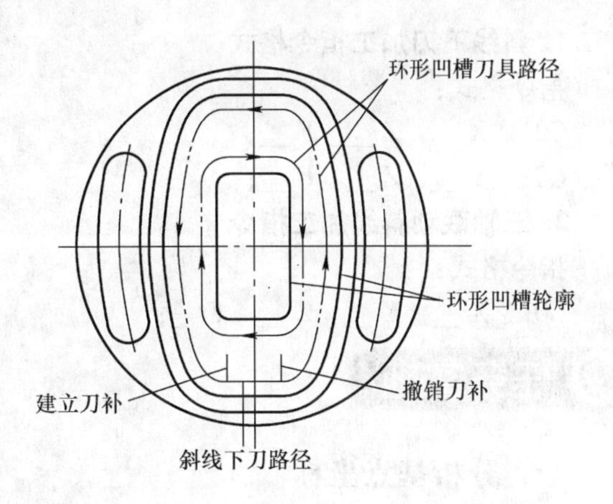

图2-14　环形凹槽刀具路径

2. 刀具转速的确定

查附录C，根据公式 $n=1000v_c/(\pi d)$，算出 ϕ14mm 高速钢立铣刀转速为 341 ~ 818r/min。将粗加工转速选为350r/min，半精加工时转速选为420r/min。

3. 进给量的确定

查附录D，根据公式 $F=fn=a_f zn$，算出用 ϕ14mm 高速钢立铣刀粗加工进给量为 31 ~ 157mm/min；将 ϕ14mm 高速钢立铣刀粗加工进给量选为40mm/min。用 ϕ14mm 高速钢立铣刀半精加工时进给量为 37 ~ 189mm/min；将 ϕ14mm 高速钢立铣刀半精加工时进给量选为60mm/min。

三、建立机械加工工艺过程卡（见表2-4）

表2-4　机械加工工艺过程卡

机械加工工艺过程卡		毛坯材料			45钢		零件图号	图2-13	
夹具	铣用自定心卡盘	毛坯尺寸			ϕ120mm×25mm		零件名称	凹槽零件	
工步号	工步内容	刀具号	刀具名称	刀具材料	刀具半径补偿号	刀具半径补偿值/mm	主轴转速/(r/min)	进给量/(mm/min)	进给深度/mm
1	粗加工环形凹槽轮廓，留1mm余量	T3	ϕ20mm立铣刀	高速钢	D3	8	350	40	3
2	半精加工环形凹槽轮廓，留0.2mm余量	T3	ϕ20mm立铣刀	高速钢	D3	7.2	420	60	3
3	精加工环形凹槽	T2	ϕ10mm立铣刀	硬质合金	D2	5	2000	500	3

四、编程指令学习（见表2-5）

表2-5　编程指令表

指令	功　能	格式	说　明
G01	斜线进给	G01　X__　Z__　F__； 或G01　Y__　Z__　F__； 或G01　X__　Y__　Z__　F__；	实现斜线下刀加工

1. 斜线下刀加工指令格式

指令格式：

G01 X__ Z__ F__;

或 G01 Y__ Z__ F__;

2. 三轴联动斜线加工指令

指令格式：

G01 X__ Y__ Z__ F__;

任务实施

一、分析基点坐标

利用CAD软件进行基点坐标分析，得出如图2-15所示部分基点坐标。

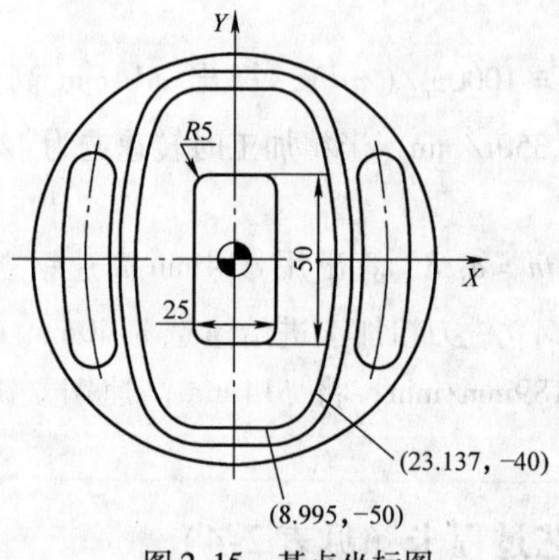

图2-15 基点坐标图

二、编制加工程序

1. 加工环形凹槽轮廓程序（见表2-6）

表2-6 加工环形凹槽轮廓程序

O0002		说明
N10	G0 G90 G54 X-8.995 Y-41. Z100. S350 M3;	
N20	G43 H3 Z20.;	
N30	Z5.;	
N40	G1 Z0. F100.;	
N50	G1 G41 Y-50. D3;	建立刀具半径补偿
N60	X8.995 Z-3;	斜线下刀
N70	G3 X23.137 Y-40. R15.;	
N80	Y40. R120.;	
N90	X8.995 Y50. R15.;	
N100	G1 X-8.995;	
N110	G3 X-23.137 Y40. R15.;	

（续）

O0002		说　明
N120	Y－40.　R120.；	
N130	X－8.995　Y－50.　R15.；	
N140	G1　X8.995；	加工下刀轮廓处
N150	G1　G40　Y－41.；	撤销刀补
N160	G1　G49　Z100.；	
N170	M5；	
N180	M30；	

2. 加工长方形岛屿程序（见表2-7）

表2-7　加工长方形岛屿程序

O0003		说　明
N10	G0　G90　G54　X－7.5　Y42.5　Z100.　S350　M3；	
N20	G43　H3　Z20.；	
N30	Z5.；	
N40	G1　Z－3.　F100.；	
N50	G1　G41　Y25.　D3；	
N60	X7.5；	
N70	G2　X12.5　Y20.　R5.；	
N80	G1　Y－20.；	
N90	G2　X7.5　Y－25.　R5.；	
N100	G1　X－7.5；	
N110	G2　X－12.5　Y－20.　R5.；	
N120	G1　Y20.；	
N130	G2　X－7.5　Y25.　R5.；	
N140	G1　G40　Y42.5；	
N150	G1　G49　Z100.；	
N160	M5；	
N170	M30；	

任务评价

根据任务完成情况，由指导教师和操作学生共同完成任务评价表，见表2-8。

表2-8　任务评价表

任务名称：			评定成绩：	
注意事项	发生重大事故（人身或设备安全事故）、严重违反工艺原则、野蛮操作等，取消本次任务实训资格，本次成绩评定为不及格			
类别	序号	评价项目	自我评价（A、B、C、D）	教师评价（A、B、C、D）
编程	1	正确使用编程指令及格式		
	2	合理选择编程原点		
	3	各节点坐标正确无误		
	4	合理安排加工工艺		
	5	合理安排加工路径		
	6	程序能够顺利完成加工		

（续）

类别	序号	评价项目	自我评价 （A、B、C、D）	教师评价 （A、B、C、D）
工件及刀具安装	1	正确选择工件装夹方式及夹具		
	2	夹具安装正确、牢固		
	3	选择与加工程序相符合的刀具		
	4	刀具安装正确、牢固		
	5	工件装夹正确、牢固		
操作加工	1	着装规范		
	2	设备操作步骤规范		
	3	校验加工程序		
	4	正确进行对刀操作		
	5	合理调整切削用量		
	6	加工误差调整		
	7	设备使用与保养		
	8	实训机床及场地清洁		
检测	1	合理选择量具		
	2	正确使用量具		
	3	正确读取测量值		

自我小结：

学生签字：　　　　教师签字：

任务三　弧形凹槽的加工

学习目标

一、知识目标

1）能够编制槽类零件的加工程序。

2）能合理选择槽类零件的下刀方式（螺旋线下刀方式）。

3）能够合理选择铣削参数。

二、技能目标

1）能够在数控铣床上正确安装夹具和刀具。

2）能够正确进行对刀操作。

3）能够操作数控铣床加工槽类零件。

任务引入

根据加工工艺安排，本任务为加工弧形凹槽，现将零件图简化，如图 2-16 所示。

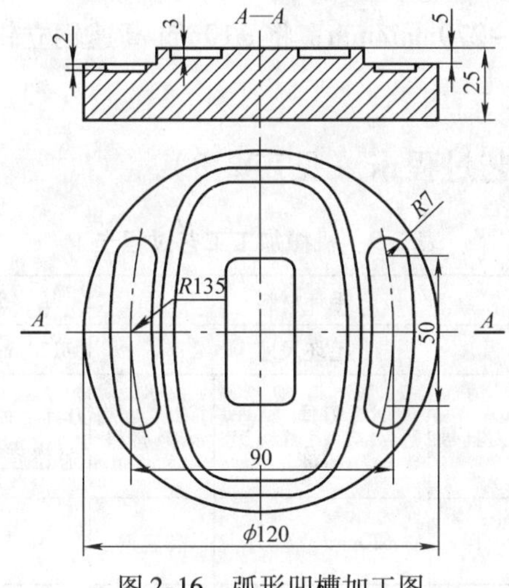

图 2-16　弧形凹槽加工图

任务分析

弧形凹槽在腰鼓形凸台加工后形成的平面上加工，两个凹槽的中心线为 *R*135mm 圆弧线，中心相距 90mm，凹槽宽度为 14mm，两端为 *R*7mm 的圆弧，两个 *R*7mm 圆弧的中心距为 50mm。弧形凹槽深度为 2mm。

任务准备

一、设计刀具路径

当内轮廓曲线不允许外延时，则刀具只能沿内轮廓曲线的法向切入、切出，此时刀具的切入、切出点应尽量选在内轮廓曲线两几何元素的交点处，刀具路径如图 2-17 所示。

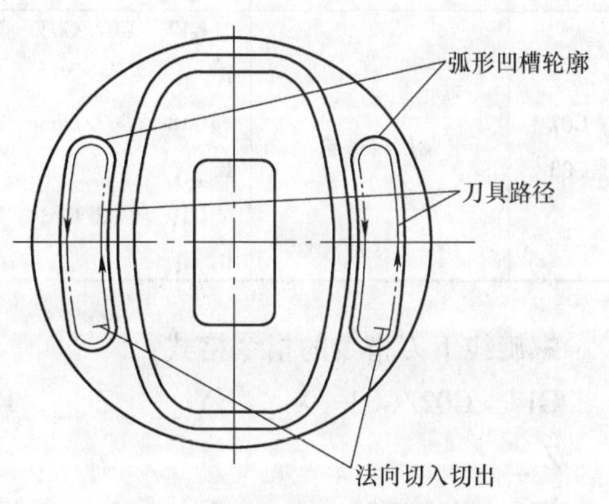

图 2-17　弧形凹槽加工路径

二、刀具及切削参数选择

由于两个 *R*7mm 弧形凹槽的槽宽为 14mm，因此选用 ϕ10mm 高速钢立铣刀进行弧形凹槽的粗加工和半精加工，之后仍然用 ϕ10mm 硬质合金立铣刀精加工弧形凹槽。

1. 刀具转速的确定

查附录 C，根据公式 $n = 1000v_c/(\pi d)$，计算出 ϕ10mm 高速钢立铣刀转速为 477 ~ 1146r/min。将粗加工转速设定为 500r/min，半精加工时转速设定为 600r/min。

2. 进给量的确定

查附录 D，根据公式 $F = fn = a_f zn$，计算出用 ϕ10mm 高速钢立铣刀粗加工进给量为 45～225mm/min；将 ϕ10mm 高速钢立铣刀粗加工进给量设定为 50mm/min。用 ϕ10mm 高速钢立铣刀半精加工时进给量为 54～270mm/min；将 ϕ10mm 高速钢立铣刀半精加工时进给量设定为 80mm/min。

三、建立机械加工工艺过程卡（见表 2-9）

表 2-9　机械加工工艺过程卡

机械加工工艺过程卡		毛坯材料			45 钢		零件图号	图 2-16	
夹具	铣用自定心卡盘	毛坯尺寸			ϕ120mm×25mm		零件名称	凹槽零件	
工步号	工步内容	刀具号	刀具名称	刀具材料	刀具半径补偿号	刀具半径补偿值/mm	主轴转速/(r/min)	进给量/(mm/min)	进给深度/mm
1	粗加工弧形凹槽轮廓，留 1mm 余量	T4	ϕ20mm 立铣刀	高速钢	D4	6	500	50	2
2	半精加工弧形凹槽轮廓，留 0.2mm 余量	T4	ϕ20mm 立铣刀	高速钢	D4	5.2	600	80	2
3	精加工弧形凹槽	T2	ϕ10mm 立铣刀	硬质合金	D2	5	2000	500	2

四、编程指令学习（见表 2-10）

表 2-10　编程指令表

指令	功　能	格　式	说明
G17 G18 G19	坐标平面选择		G17：选择 *XY* 平面 G18：选择 *ZX* 平面 G19：选择 *YZ* 平面
G02 G03	螺旋线进给	G17　G02/G03　X __　Y __　Z __　R __； G18　G02/G03　Z __　X __　Y __　R __； G19　G02/G03　Y __　Z __　X __　R __；	实现螺旋线下刀加工或螺旋线进给加工

螺旋线下刀指令的指令格式：

G17　G02/G03　X __　Y __　Z __　R __；（或 G17　G02/G03　X __　Y __　I __　J __　Z __；）

G18　G02/G03　Z __　X __　Y __　R __；（或 G18　G02/G03　X __　Z __　I __　K __　Y __；）

G19　G02/G03　Y __　Z __　X __　R __　（或 G19　G02/G03　Y __　Z __　J __　K __　X __；）

注意：螺旋线下刀指令是在 G17、G18、G19 指定的平面内实现圆弧进给，在与指定平面垂直的轴向作直线进给，从而实现螺旋线复合运动。所以在使用螺旋线下刀指令时必须指定圆弧进给平面。

任务实施

一、分析基点坐标

利用 CAD 软件进行基点坐标分析，得出如图 2-18 所示的部分基点坐标。

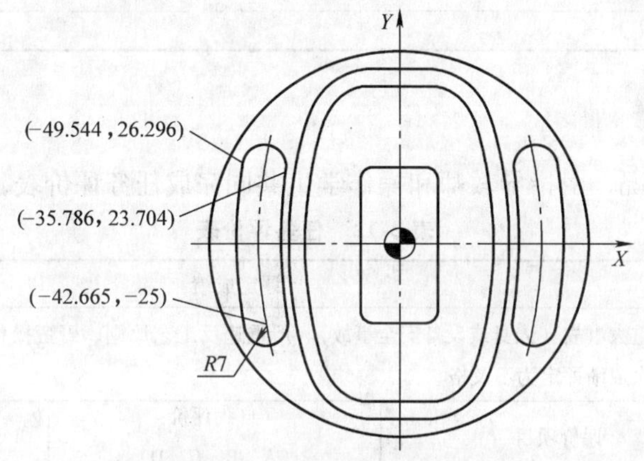

图 2-18　弧形凹槽基点坐标

二、编制加工程序（见表 2-11）

表 2-11　编制加工程序

O0004		说　明
N10	G0　G90　G54　X42. 665　Y－25.　Z100.　S500　M3；	
N20	G43　H4　Z20. ；	
N30	Z0. ；	
N40	G1　Z－5.　F100. ；	刀具下降到工件加工平面
N50	G1　G41　X49. 544　Y－26. 296　D4；	建立刀具半径补偿
N60	G17　G3　Y26. 296　R142.　Z－7. ；	刀具到达加工深度
N70	X35. 786　Y23. 704　R7. ；	
N80	G2　Y－23. 704　R128. ；	
N90	G3　X49. 544　Y－26. 296　R7. ；	
N100	G3　Y26. 296　R142. ；	
N110	G1　G40　X42. 665　Y25. ；	撤销刀具半径补偿
N120	G0　Z20. ；	
N130	X－42. 665　Y－25. ；	
N140	Z0. ；	
N150	G1　Z－5. ；	刀具下降到工件加工平面
N160	G1　G41　X－35. 786　Y－23. 704　D4；	建立刀具半径补偿

（续）

	O0004	说　明
N170	G17　G2　Y23.704　R128.　Z－7.；	刀具到达加工深度
N180	G3　X－49.544　Y26.296　R7.；	
N190	Y－26.296　R142.；	
N200	X－35.786　Y－23.704R7.；	
N210	G2　Y23.704　R128.；	
N220	G1　G40　X－42.665　Y25.；	撤销刀具半径补偿
N230	G1　G49　Z100.；	
N240	M5；	
N250	M30；	

任务评价

根据任务完成情况，由指导教师和操作学生共同完成任务评价表，见表2-12。

表2-12　任务评价表

任务名称：			评定成绩：	
注意事项	发生重大事故（人身或设备安全事故）、严重违反工艺原则、野蛮操作等，取消本次任务实训资格，本次成绩评定为不及格			
类别	序号	评价项目	自我评价 （A、B、C、D）	教师评价 （A、B、C、D）
编程	1	正确使用编程指令及格式		
	2	合理选择编程原点		
	3	各节点坐标正确无误		
	4	合理安排加工工艺		
	5	合理安排加工路径		
	6	程序能够顺利完成加工		
工件及刀具安装	1	正确选择工件装夹方式及夹具		
	2	夹具安装正确、牢固		
	3	选择与加工程序相符合的刀具		
	4	刀具安装正确、牢固		
	5	工件装夹正确、牢固		
操作加工	1	着装规范		
	2	设备操作步骤规范		
	3	校验加工程序		
	4	正确进行对刀操作		
	5	合理调整切削用量		
	6	加工误差调整		
	7	设备使用与保养		
	8	实训机床及场地清洁		

（续）

类别	序号	评价项目	自我评价（A、B、C、D）	教师评价（A、B、C、D）
检测	1	合理选择量具		
	2	正确使用量具		
	3	正确读取测量值		
自我小结：				
学生签字：			教师签字：	

知识拓展

顺铣和逆铣

一、顺铣和逆铣的定义

沿着刀具的进给方向看，如果工件位于铣刀进给方向的右侧，那么进给方向称为顺时针。反之，当工件位于铣刀进给方向的左侧时，进给方向定义为逆时针。如果铣刀旋转方向与工件进给方向相同，称为顺铣；如果铣刀旋转方向与工件进给方向相反，称为逆铣，如图2-19所示。

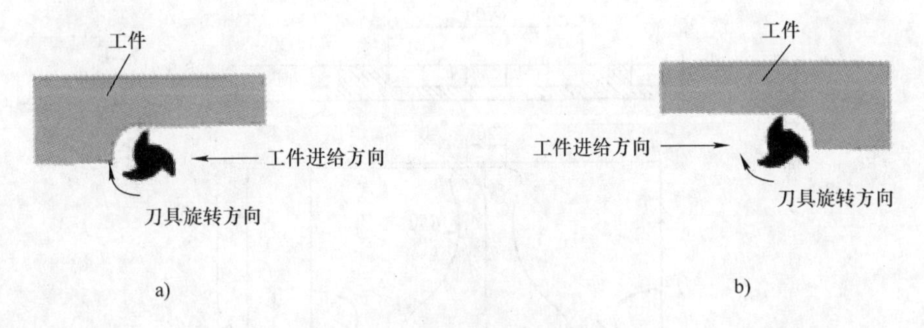

图 2-19　顺铣和逆铣示意图
a）顺铣　b）逆铣

二、顺铣和逆铣的特点

顺铣时，刀齿的切削厚度是从最大到零，但刀齿切入工件时的冲击力较大，尤其工件待加工表面是毛坯或者有硬皮时，对刀具的影响更大。逆铣时，每个刀齿的切削厚度由零增至最大。由于切削刃并非绝对锋利，铣刀切削刃处总有圆弧存在，刀齿不能立刻切入工件，而是在已加工表面上挤压滑行，使该表面的硬化现象严重，影响了表面质量，也使刀齿的磨损加剧。

顺铣时，作用于工件上的垂直切削分力始终压向工件，这对工件的夹紧有利。逆铣时，作用于工件上的垂直切削分力向上，有将工件抬起的趋势，易引起振动，影响工件的夹紧。铣薄壁零件和刚度差的工件时影响更大。

顺铣时的功率消耗要比逆铣时小，在同等切削条件下，顺铣功率消耗要低5%～15%，同时顺铣也更有利于排屑。一般应尽量采用顺铣法加工，以提高被加工零件表面质量（降低表面粗糙度值），保证尺寸精度。但是在切削面上有硬质层、积渣、工件表面凹凸不平较显著时（如加工锻造毛坯），为了避免铣刀每次都从硬的表面切入工件，通常采用逆铣法。

逆铣时，由于铣刀作用在工件上的水平切削力方向与工件进给运动方向相反，所以工作台丝杠与螺母能始终保持螺纹的一个侧面紧密贴合。顺铣时则不然，由于水平铣削力的方向与工件进给运动方向一致，当刀齿对工件的作用力较大时，由于工作台丝杠与螺母间间隙的存在，工作台会产生窜动，这样不仅破坏了切削过程的平稳性，影响工件的加工质量，而且严重时会损坏刀具。由于数控铣床在工作台丝杠与螺母间采用了消隙机构，消除了间隙，所以，在数控铣加工中经常采用顺铣法。而普通铣床没有消隙机构，在加工中常用逆铣法。

知识巩固

1. 列举出槽类零件 Z 向下刀的几种方式。
2. 何谓机床坐标系和工件坐标系？其主要区别是什么？
3. 写出顺铣和逆铣的区别及各自的适用范畴。
4. 编程加工图2-20所示零件（应用计算机软件绘图找坐标）。

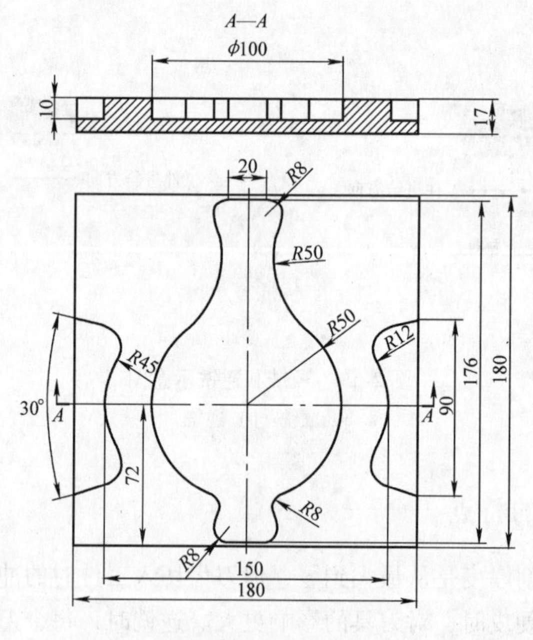

图2-20 习题4图

情境三　孔类零件的加工

学习目标

一、知识目标

1）会解释孔加工指令中各代码的含义。

2）能够编制零件中各种孔的加工程序。

3）能合理选择各种孔的加工工艺。

4）能够合理选择孔加工的切削参数。

二、技能目标

1）能够在数控铣床上正确安装夹具和刀具。

2）能够正确进行对刀操作。

3）能够操作数控铣床加工零件上的各种孔。

4）能够找出指定孔的中心。

任务引入

孔类零件在机械零件加工中十分常见且占有非常重要的地位，孔的位置精度和尺寸精度对于零件合格与否至关重要。机械零件之间常采用螺栓连接、销连接等连接方式，螺纹孔、销孔，以及螺钉过孔、台孔等都需要进行孔加工，常见机械零件如图 3-1 所示。汽车、摩托车配件的箱体类零件的孔系加工十分普遍，图 3-2 所示为汽车发动机的缸体、缸盖。在夹具、模具的加工过程中，孔加工也很常见，图 3-3 所示的模具就加工有大量的螺纹孔、销孔，以及螺钉过孔、台孔。

图 3-1　机械零件实物图

图 3-2　汽车发动机缸体、缸盖实物图

图 3-4 所示的零件图是根据常见各类孔加工特点综合而成的。编程加工如图 3-4 所示的零件，其毛坯尺寸为 160mm × 120mm × 25mm，材料为 45 钢。试分析零件图，确定加工工艺，编制加工程序，并操作数控铣床加工本例孔类零件。

图 3-3　模具实物图

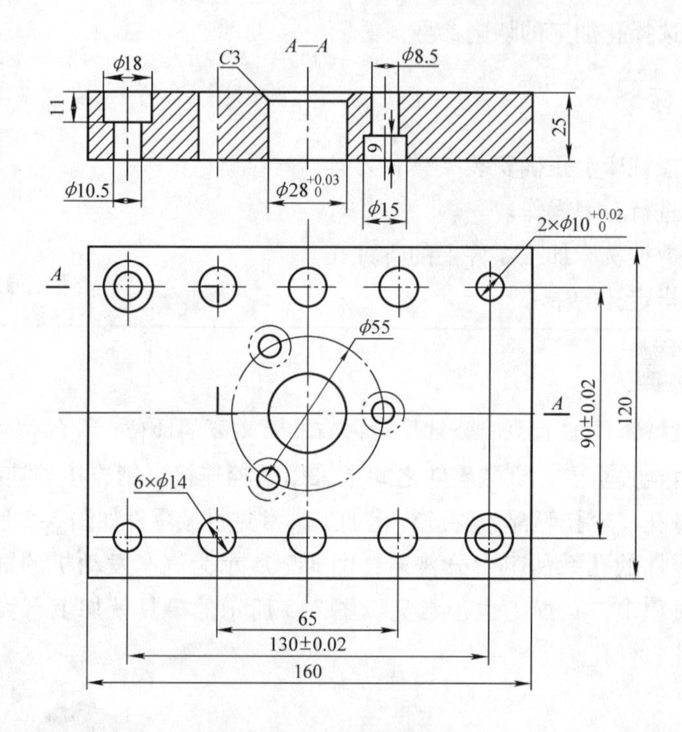

图 3-4　孔类零件加工示例

任务分析

本任务为多孔加工，在工件正中有一个 $\phi28^{+0.03}_{0}$ mm 通孔，孔口倒角为 *C*3；与该孔同心，直径为 ϕ55mm 的圆上均布有 3 个 ϕ8.5mm 的螺钉过孔，每个过孔在工件的反面有直径 ϕ15mm、深为 9mm 的沉台孔；在工件的两对角分别有两个 $\phi10^{+0.02}_{0}$ mm 孔和两个孔径为 ϕ10.5mm、沉台孔径为 ϕ18mm、深度为 11mm 的螺钉过孔；另外还有两排，每排 3 个 ϕ14mm 孔，具体结构如图 3-5 和图 3-6 所示。

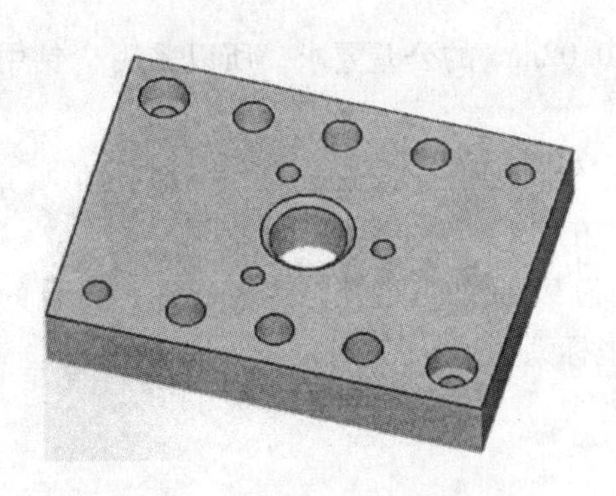

图 3-5　实体正面效果图

图 3-6　实体反面效果图

一、建立编程坐标系

该工件的孔以长方形轮廓中心对称或阵列分布，故选择长方形轮廓几何中心为编程坐标系的原点，如图 3-7 所示。

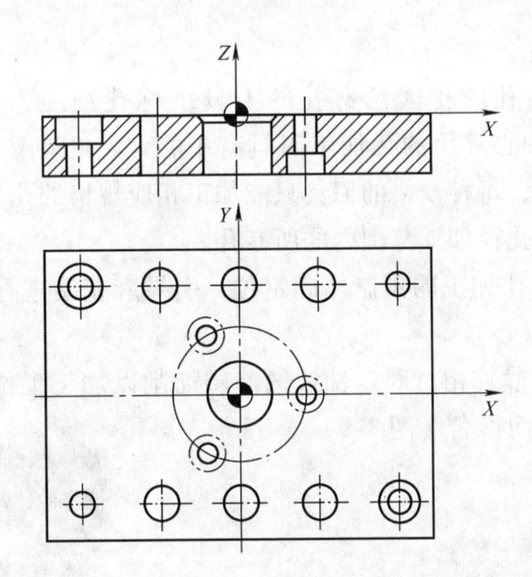

图 3-7　孔类零件加工示例编程坐标系

二、加工工艺设计

一般情况下，直径大于 30mm 的孔应由普通机床先粗加工，给加工中心或数控铣床预留余量 4 ~6mm（直径方向），再由“粗镗—半精镗—孔口倒角—精镗”四个工步完成加工；直径小于 30mm 的孔可直接在加工中心或数控铣床上加工完成，分为“钻中心孔—钻孔—扩孔—孔端倒角—精镗（或铰）”等工步来完成。加工孔系时，应先加工大孔，后加工小孔。

本例中各个孔加工工艺安排如下：

1）$\phi 28^{+0.03}_{0}$ mm 孔采用“钻中心孔—钻孔—扩孔—孔口倒角—粗镗—精镗”的工步来

加工，孔口倒角用45°锪钻。

2）由于两个（$\phi10\pm0.02$）mm孔的孔距有±0.02mm的公差要求，所以采用“钻中心孔—钻孔—粗镗—铰孔”来保证孔距公差。

3）两个$\phi18$mm和两个$\phi10.5$mm沉台孔采用“钻中心孔—钻孔—锪孔”加工。

4）6×$\phi14$mm过孔采用“钻中心孔—钻孔”加工。

5）翻面加工3个$\phi15$mm和3个$\phi8.5$mm深度为9mm的沉台孔。为了保证沉台孔的位置精度，翻面后要以$\phi28^{+0.03}_{0}$mm孔的中心为工件坐标系原点。

任务准备

一、确定工件装夹方案

工件毛坯为长方形板材，因此采用机用虎钳装夹工件。由于本例工件所加工的孔都是通孔，在工件夹紧后要将等高垫铁取出，以免损坏等高垫铁。

二、选择刀具及切削参数

1. 孔加工刀具介绍

在工件实体材料上钻孔或扩大已有孔的刀具统称孔加工刀具，钻孔直径一般小于80mm。数控铣床或加工中心常用的孔加工刀具有中心钻、麻花钻、扩孔钻、锪钻、铰刀、镗刀等，都是定直径刀具，每种规格的刀具只能加工相应规格的孔。镗刀可以通过调节刀具的旋转半径，加工介于其孔径加工范围内的所有孔。

（1）中心钻　它用于孔加工的预制精确定位，引导麻花钻进行孔加工，减少误差（图3-8）。

（2）麻花钻　它是通过其相对固定轴线的旋转切削以加工工件的圆孔的刀具。因其容屑槽成螺旋状，形似麻花而得名（图3-9）。

图3-8　中心钻实物图

图3-9　麻花钻实物图

由于横刃的存在，麻花钻的定心能力较差，所以要先用中心钻预钻锥形中心孔，然后再进行钻孔。另外，麻花钻的两条切削刃在刃磨时一定要磨对称，否则在加工时会出现孔径变大、孔位偏移等现象。

（3）扩孔钻　它是用于扩大加工孔直径的刀具（图3-10和图3-11）。

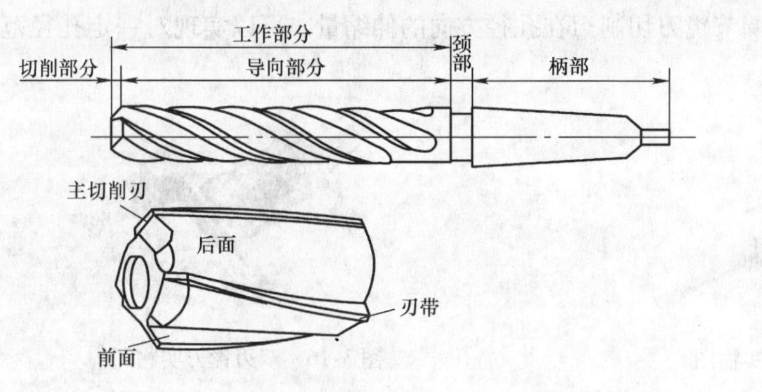

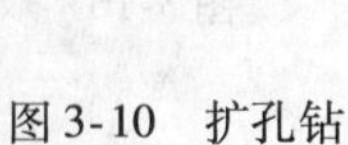
图3-10　扩孔钻

图3-11　扩孔钻实物图

（4）锪钻　它是对孔的端面进行平面、柱面、锥面及其他型面加工而使用的刀具。在已加工出的孔上加工圆柱形沉头孔、锥形沉头孔和端面凸台时，都可使用锪钻进行加工（图3-12和图3-13）。

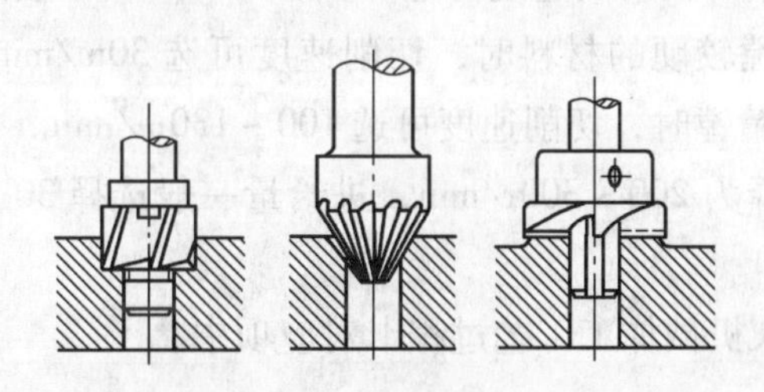
图3-12　锪钻加工示意图

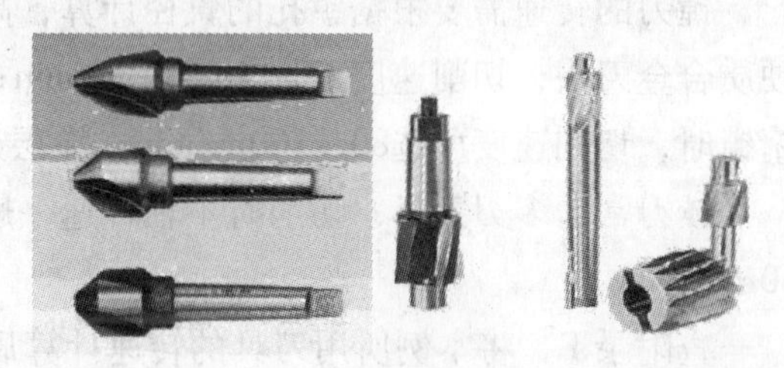
图3-13　锪钻实物图

（5）铰刀　它是具有一个或多个刀齿、用以切除已加工孔表面薄层金属的旋转精加工刀具，具有直刃或螺旋刃（图3-14）。铰孔可以提高孔的加工精度，降低其表面粗糙度值，用于孔的精加工或半精加工，加工余量一般很小，见表3-1。

图3-14　铰刀实物图

表3-1　预留铰孔余量

铰孔直径/mm	<5	5~20	21~32	33~50	51~80
预留铰孔余量/mm	0.05~0.1	0.1~0.2	0.2~0.3	0.3~0.5	0.5~0.8

（6）镗刀　它是镗削刀具的一种，最常用的场合是内孔加工、扩孔、仿形等。该刀具

有一个或两个切削部分，是专门用于对已有的孔进行粗加工、半精加工或精加工的刀具（图 3-15 和图 3-16）。通过调节镗刀切削刃在孔径方向的伸缩量，可以实现对一定孔径范围的孔进行加工。

图 3-15 单刃镗刀实物图

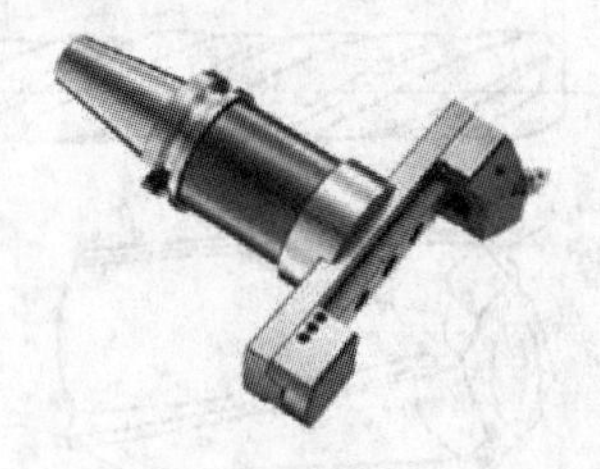

图 3-16 双刃镗刀实物图

2. 刀具转速的确定

钻削速度调整原则：当工件材料的硬度和强度较高时，应取较小的钻削速度（铸铁硬度 200HBW 为中值，钢以 $\sigma_b=700$MPa 为中值）；钻头直径小时也取较小值（以 ϕ16mm 为中值）；钻孔深度 $L>3D$ 时，还要将取值乘以 0.7 ~ 0.8 的修正系数。

镗刀的转速需要根据镗孔的直径计算，高速钢刀头切削速度可选 20 ~ 50m/min；一般的硬质合金刀头，切削速度可选 40 ~ 60m/min；粗镗较硬的材料时，切削速度可选 30m/min；精镗时，切削速度可选80 ~ 100m/min；涂层刀片精镗时，切削速度可选 100 ~ 130m/min。

铰刀常为多刃刀具，切削时主轴转速一般选择为 200 ~ 300r/min，进给量一般选择 30 ~ 60mm/min。

查附录 E，将本例所用刀具的转速计算后填入机械加工工艺过程卡对应项中。

3. 进给量的确定

孔的精度要求较高和表面粗糙度值要求较小时，应取较小的进给量；钻头较小、钻孔较深、钻头较长、刚度和强度较差时，也应取较小的进给量。

查附录 E，将本例所用刀具的进给量计算后填入机械加工工艺过程卡对应项中。

三、建立机械加工工艺过程卡（见表 3-2）

本例加工切削参数在理论值的基础上作了适当的修调。

表 3-2 孔加工零件机械加工工艺过程卡

机械加工工艺过程卡		毛坯材料			45 钢		零件图号	图 3-4	
夹具	机用虎钳	毛坯尺寸			160mm × 120mm × 25mm		零件名称	孔类零件	
工步号	工步内容	刀具号	刀具名称	刀具材料	刀具长度补偿号	刀具长度补偿值/mm	主轴转速/(r/min)	进给量/(mm/min)	进给深度/mm
1	钻中心孔	T1	A4 中心钻	高速钢	H1		800	40	5
2	钻 $\phi28^{+0.03}_{0}$mm 孔的底孔	T2	ϕ22mm 麻花钻	高速钢	H2		290	40	33
3	扩孔	T3	ϕ27mm 扩孔钻	高速钢	H3		235	50	30
4	孔口倒角	T4	ϕ35mm × 45° 锪钻	高速钢	H4		180	30	3

（续）

工步号	工步内容	刀具号	刀具名称	刀具材料	刀具长度补偿号	刀具长度补偿值/mm	主轴转速/(r/min)	进给量/(mm/min)	进给深度/mm
5	粗、精镗 $\phi28^{+0.03}_{0}$mm 孔	T5	镗刀	硬质合金	H5		500	60	28
6	钻 ϕ14mm 孔	T6	ϕ14mm 麻花钻	高速钢	H6		380	30	30
7	钻 ϕ10.5mm 孔	T7	ϕ10.5mm 麻花钻	高速钢	H7		470	30	30
8	锪 ϕ18mm 沉台孔	T8	ϕ18mm 锪钻	高速钢	H8		300	40	11
9	钻 $\phi10^{+0.018}_{0}$mm 孔的底孔	T9	ϕ9.7mm 麻花钻	高速钢	H9		470	30	30
10	粗镗 $\phi10^{+0.018}_{0}$mm 孔留 0.1mm 余量	T10	镗刀	硬质合金	H10		600	60	28
11	铰 $\phi10^{+0.018}_{0}$mm 孔	T11	ϕ10H7 铰刀	高速钢	H11		250	40	32
12	钻 ϕ8.5mm 孔	T12	ϕ8.5mm 麻花钻	高速钢	H12		500	20	30
13	锪 ϕ15mm 沉台孔	T13	ϕ15mm 锪钻	高速钢	H13		350	30	9

四、编程指令学习（见表 3-3）

表 3-3 加工指令表

指令	功能	格式	说明
G98 G99	指定刀具返回平面		G98：刀具返回初始平面 G99：刀具返回 R 平面
G81 G82 G73 G86		G81 X__ Y__ Z__ R__ K__ F__; G82 X__ Y__ Z__ R__ P__ K__ F__; G73 X__ Y__ Z__ R__ Q__ K__ F__; G86 X__ Y__ Z__ R__ K__ F__;	G81：点钻加工固定循环 G82：锪孔加工固定循环 G73：高速深孔往复排屑钻固定循环 G86：镗孔加工固定循环
G80	撤销孔加工循环指令	G80	

1. 孔加工固定循环动作组成

孔加工固定循环通常由以下 6 个动作组成（图 3-17）：

动作 1——X 轴和 Y 轴定位，刀具快速定位到要加工孔的中心位置上方。

动作 2——快进到 R 点，刀具自初始点快速进给到 R 点（准备切削的位置）。

动作 3——孔加工，以切削进给方式执行孔加工的动作。

动作 4——在孔底的动作，包括暂停、主轴准停、刀具移位等。

动作 5——返回到 R 点，继续下一步的孔加工。

动作 6——R 点快速返回到初始点。孔加工完成后应选择初始点。

孔加工固定循环动作中专业术语说明：

1）初始平面。初始平面是为安全进刀切削而规定的一个平面。初始平面是开始执行固定循环时，刀位点的轴向位置。初始平面到零件表面的距离可以任意设定在一个安全的高度上，当使用同一把刀具加工若干孔时，只有孔间存在障碍需要跳跃或全部孔加工完成时，才使用G98，使刀具返回初始平面上的初始点。

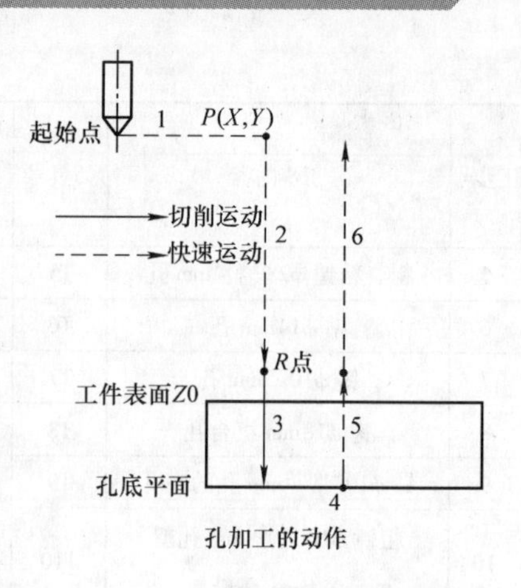

图3-17　孔加工固定循环动作示意图

2）参考平面。参考平面又称为R平面，这个平面是刀具切削时由快进转为工进的高度平面，距工件表面的距离（这个距离称为引入距离）主要考虑工件表面尺寸的变化，一般可取2～5mm；使用G99时，刀具将返回到该平面的R点。

在已加工表面上钻孔、镗孔、铰孔时，引入距离为1～3mm（或2～5mm）；在毛坯面上钻孔、镗孔、铰孔，引入距离为5～8mm；攻螺纹、铣削时，引入距离为5～10mm。编程时，根据零件、机床的具体情况选取相应数值。

3）孔加工时，根据孔的深度，可以一次加工到孔底，或分段加工到孔底（间歇进给）。加工到孔底后，根据情况还要考虑超越距离。例如，钻头顶角为118°±2°，轴向超越距离为$0.3D+(1\sim2)$mm。铰刀、丝锥、镗刀等，可根据刀具情况决定超越距离。

4）孔底动作。根据孔的不同，孔底动作也不同，有的不需孔底动作，有的需暂停动作，以保证平底；有的需主轴反转（变向），有的需主轴停，或主轴定向停止，并移动一个距离。

5）孔底平面。加工不通孔时孔底平面就是孔底的Z轴高度，加工通孔时一般刀具还要伸长超过工件底平面一段距离。主要是保证全部孔深都加工到尺寸，钻削时还应考虑钻头钻尖对孔深的影响。

6）孔底返回到R平面，从孔中退出，有快速进给、切削进给、手动等。

7）定位平面由平面选择代码G17、G18、G19决定。

8）不同的固定循环动作可能不同，有的没有孔底动作，有的不退回到初始平面，而只到R平面。

2. 孔加工固定循环指令格式

G17　G90(G91)　G99　(G98)　G73(～G89)　X__　Y__　Z__　R__　Q__　P__　F__　K__；

指令中各地址程序段含义说明：

1）定位平面由G17、G18或G19决定，立式加工中心常用G17。以下指令均用G17说明。

2）返回点平面选择指令G98、G99。由G98、G99决定刀具在返回时达到的平面，G98指令返回到初始平面，G99指令返回R平面。一般地，如果被加工的孔在一个平整的平面上，可以使用G99指令，因为G99模态下返回R点进行下一个孔的定位，而一般编程中，R点非常靠近工件表面，这样可以缩短零件加工时间。但如果工件表面有高于被加工孔的凸台

或肋时，使用G99指令时很可能使刀具和工件发生碰撞，这时，就应该使用G98指令，使Z轴返回初始点后再进行下一个孔的定位，这样就比较安全。

3）孔加工方式。主要指G73、G74，G76、G81～G89等，模态变量。

4）孔位数据。X、Y为孔位置坐标（使用G17指令定位平面）。

5）孔加工数据（模态变量）。

Z：在使用G90指令时，Z值为孔底的绝对坐标值，在使用G91指令时，Z是R平面到孔底的增量距离。从R平面到孔底是按F代码所指定的速度进给。

R：在使用G91指令时，R值为从初始平面到R点的增量距离；在使用G90指令时，R值为绝对坐标值，此段动作是快速进给的。

Q：在G73或G83方式中规定每次加工的深度，以及在G87方式中规定移动值。Q值一律是无符号增量值。

P：孔底暂停时间，用整数表示，以ms为单位。

F：进给速度（mm/min），攻螺纹时为F=ST，S为主轴转速，T为螺距。

6）重复次数（非模态变量）。

K：K为0时，只存储数据，不加工孔。在G91方式下，可加工出等距孔。

如果正在执行固定循环的过程中NC系统被复位，则孔加工模态、孔加工参数及重复次数K均被取消。

3. 本例零件加工指令

（1）G73　高速深孔加工循环。

格式：

G73　X__　Y__　Z__　R　Q__　F__　K__；

说明：

X、Y：孔位坐标。

Z：从R点到孔底的距离。

R：从初始位置面到R点的距离。

Q：每次切削进给的切削深度（增量值且用正值表示）。

F：进给速度。

K：重复次数，即固定循环次数，未指定时为1次。

退刀量“d”由参数进行设定。

G73用于Z轴的间歇进给，使深孔加工时容易排屑，减少退刀量，可以进行高效率的加工，G73指令执行动作如图3-18所示。

（2）G81　钻孔循环（中心钻）。

格式：

G81　X__　Y__　Z__　R__　K__　F__；

G81指令执行动作如图3-19所示。

（3）G82　带停顿的锪孔循环。

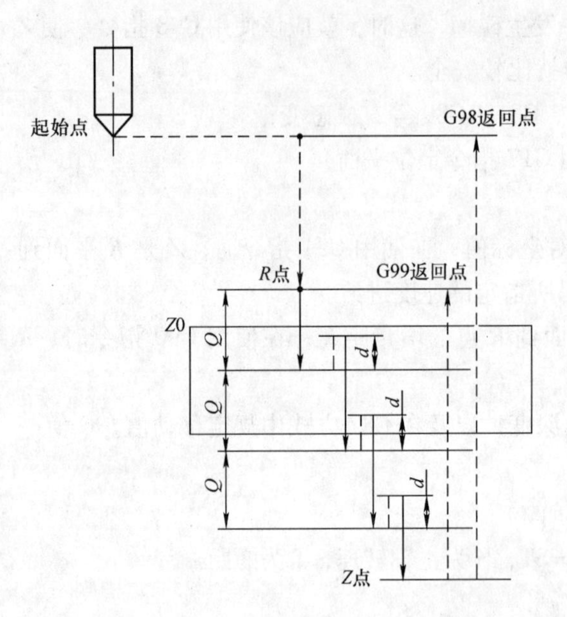

图 3-18　G73 高速深孔加工循环示意图

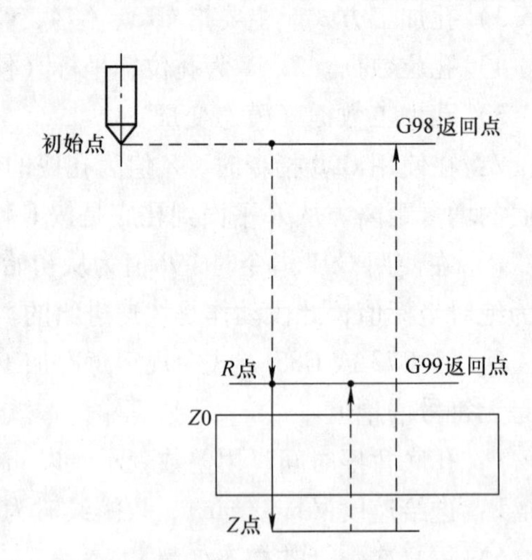

图 3-19　G81 钻孔循环加工示意图

格式：

G82　X__　Y__　Z__　R__　P__　F__　K__;

G82 指令除了要在孔底暂停外，其他动作与 G81 指令相同，暂停时间由地址 P 给出。G82 指令主要用于锪孔或阶梯孔加工，G82 指令执行动作如图 3-20 所示。

（4）G86　镗孔循环。

G86 指令与 G81 指令相同，但在孔底时主轴停止，然后快速退回，主轴再重新起动，执行动作如图 3-21 所示。

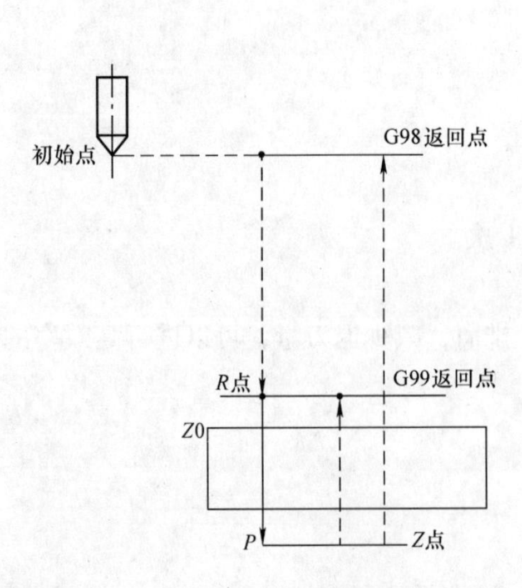

图 3-20　G82 带停顿的锪孔循环加工示意图

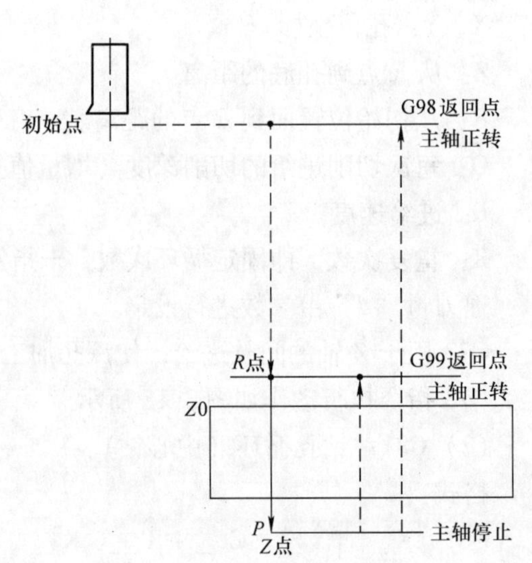

图 3-21　镗孔循环加工示意图

4. 广州数控系统的孔加工固定循环指令及功能表（见表3-4）

表3-4　孔加工固定循环功能表

孔加工固定循环指令格式	加工动作	孔底动作	返回方式	用途
G73　X＿　Y＿　Z＿　R＿　Q＿　F＿;	间歇进给	—	快速	高速深孔加工
G74　X＿　Y＿　Z＿　R＿　P＿　F＿;	切削进给	暂停、主轴正转	切削	攻左旋螺纹孔
G76　X＿　Y＿　Z＿　R＿　P＿　Q＿　F＿;	切削进给	主轴定向停止—刀具移位	快速	精镗孔
G80;	—	—	—	取消固定循环
G81　X＿　Y＿　Z＿　R＿　F＿;	切削进给	—	快速	钻孔、钻中心孔
G82　X＿　Y＿　Z＿　R＿　P＿　F＿;	切削进给	暂停	快速	钻、锪、镗阶梯孔
G83　X＿　Y＿　Z＿　R＿　Q＿　F＿;	间歇进给	—	快速	排屑深孔加工
G84　X＿　Y＿　Z＿　R＿　P＿　F＿;	切削进给	暂停—主轴反转	切削	攻右旋螺纹孔
G85　X＿　Y＿　Z＿　R＿　F＿;	切削进给	—	切削	精镗孔、铰孔
G86　X＿　Y＿　Z＿　R＿　F＿;	切削进给	主轴停	快速	镗孔
G87　X＿　Y＿　Z＿　R＿　Q＿　F＿;	切削进给	刀具移位—主轴正转	快速	反镗孔
G88　X＿　Y＿　Z＿　R＿　P＿　F＿;	切削进给	暂停、主轴停	手动	镗孔
G89　X＿　Y＿　Z＿　R＿　P＿　F＿;	切削进给	暂停	切削	精镗阶梯孔、不通孔

任务实施

一、编制加工程序

1. 钻中心孔程序（见表3-5）

表3-5　钻中心孔程序

O0001		说　明
N10	T1　M6;	
N20	G0　G90　G54　X-65.　Y45.　S800　M3;	
N30	G43　H1　Z50.;	
N40	G99　G81　Z-5.　R5.　F40;	钻孔后回 R 平面
N50	X-32.5;	
N60	X0.;	

（续）

O0001		说　明
N70	X32. 5；	
N80	X65. ；	
N90	Y－45. ；	
N100	X32. 5；	
N110	X0. ；	
N120	X－32. 5；	
N130	X－65. ；	
N140	X0.　Y0. ；	
N150	X27. 5；	
N160	X－13. 75　Y23. 816；	
N170	G98　Y－23. 816；	孔钻完后回初始平面
N180	G80；	
N190	M5；	
N200	M30；	

2. 钻 6×ϕ14mm 孔程序（见表 3-6）

表 3-6　钻 6×ϕ14mm 孔程序

O0006		说　明
N10	T6　M6；	
N20	G0　G90　G54　X－32. 5　Y－45.　S380　M3；	
N30	G43　H6　Z50. ；	
N40	G99　G73　Z－30.　R5. Q2.　F30；	
N50	G91　X32. 5　K2；	在孔的 *X* 正方向钻两个间距为 32. 5mm 的等距孔
N60	G90　X32. 5　Y45. ；	
N70	G91　X－32. 5　K2；	在孔的 *X* 负方向钻两个间距为 32. 5mm 的等距孔
N80	G98；	
N90	G80；	
N100	M5；	
N110	M30；	

3. 钻 2×ϕ10. 5mm 孔及锪 2×ϕ18mm 沉台孔程序（见表 3-7）

表 3-7　钻 2×ϕ10. 5mm 孔及锪 2×ϕ18mm 沉台孔程序

O0007		说　明
N10	T7　M6；	
N20	G0　G90　G54　X－65.　Y45.　S470　M3；	
N30	G43　H7　Z100. ；	

（续）

O0007		说　明
N40	G99　G73　Z－30.　R5.　Q1.5　F30；	钻孔
N50	G98　X65.　Y－45.；	
N60	T8　M6；	
N70	S300　M3；	
N80	G43　H8　Z100.；	
N90	G99　G82　X－65.　Y45.　Z－11.　R5.　P2000　F40；	锪孔
N100	G98　X65.　Y－45.；	
N110	G80；	
N120	M5；	
N130	M30；	

二、选择数控机床

本任务选用的机床为广州数控21MA系统的VMC850数控铣床。

三、工件对刀及工件坐标系的建立

1. 用分中的方式找孔中心

在翻面加工3×ϕ15mm，深度为9mm的沉台孔时。为了保证沉台孔的位置精度，就不能再通过工件的四个外轮廓边界对刀，而是以加工好的（ϕ28＋0.03）mm孔为基准对刀。由于孔$\phi28^{+0.03}_{0}$mm已经加工完成，用铣刀轻碰工件对刀会划伤工件，所以要采用寻边器（图3-22和图3-23）代替铣刀与工件接触，实现对工件的无损伤对刀；另外还可以采用百分表围绕内孔旋转的方法找出孔的中心，从而实现对刀。

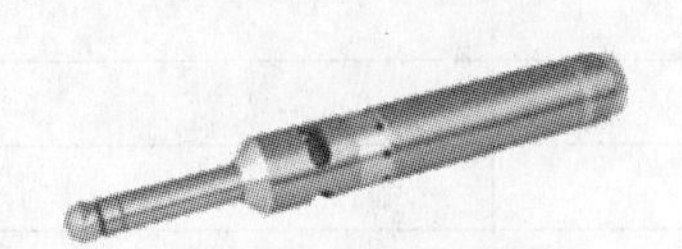

图3-22　光电式寻边器

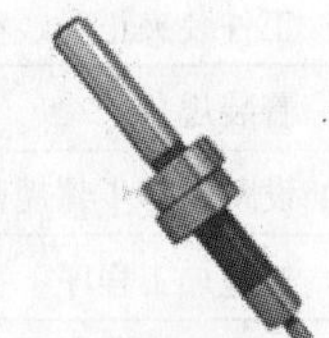

图3-23　偏心式寻边器

2. 用百分表回转找孔中心

将磁力表架吸附在主轴的端面上，将百分表测头由圆弧圆心指向内圆弧面。在距离工件端面5～10mm处手动慢慢旋转主轴，在＋X、－X、＋Y、－Y方向移动主轴，目测调整使工件内圆弧面与百分表测头的距离在旋转时基本保持一致。然后将百分表测头接触工件内圆弧面1～2mm，再手动旋转主轴并在＋X、－X、＋Y、－Y方向调整主轴位置，直到百分表围绕内圆弧面旋转一周而表针不发生摆动，这时主轴中心就与内圆弧圆心重合。将此时X、Y轴的机床坐标值存入G54，则X、Y轴对刀完成，如图3-24所示。

图3-24　用百分表找孔中心

任务评价

根据任务完成情况，由指导教师和操作学生共同完成任务评价表，见表3-8。

表3-8　任务评价表

<table>
<tr><td colspan="3">任务名称：</td><td colspan="2">评定成绩：</td></tr>
<tr><td>注意事项</td><td colspan="4">发生重大事故（人身或设备安全事故）、严重违反工艺原则、野蛮操作等，取消本次任务实训资格，本次成绩评定为不及格</td></tr>
<tr><td>类别</td><td>序号</td><td>评价项目</td><td>自我评价
（A、B、C、D）</td><td>教师评价
（A、B、C、D）</td></tr>
<tr><td rowspan="6">编程</td><td>1</td><td>正确使用编程指令及格式</td><td></td><td></td></tr>
<tr><td>2</td><td>合理选择编程原点</td><td></td><td></td></tr>
<tr><td>3</td><td>各节点坐标正确无误</td><td></td><td></td></tr>
<tr><td>4</td><td>合理安排加工工艺</td><td></td><td></td></tr>
<tr><td>5</td><td>合理安排加工路径</td><td></td><td></td></tr>
<tr><td>6</td><td>程序能够顺利完成加工</td><td></td><td></td></tr>
<tr><td rowspan="5">工件及刀具安装</td><td>1</td><td>正确选择工件装夹方式及夹具</td><td></td><td></td></tr>
<tr><td>2</td><td>夹具安装正确、牢固</td><td></td><td></td></tr>
<tr><td>3</td><td>选择与加工程序相符合的刀具</td><td></td><td></td></tr>
<tr><td>4</td><td>刀具安装正确、牢固</td><td></td><td></td></tr>
<tr><td>5</td><td>工件装夹正确、牢固</td><td></td><td></td></tr>
<tr><td rowspan="8">操作加工</td><td>1</td><td>着装规范</td><td></td><td></td></tr>
<tr><td>2</td><td>设备操作步骤规范</td><td></td><td></td></tr>
<tr><td>3</td><td>校验加工程序</td><td></td><td></td></tr>
<tr><td>4</td><td>正确进行对刀操作</td><td></td><td></td></tr>
<tr><td>5</td><td>合理调整切削用量</td><td></td><td></td></tr>
<tr><td>6</td><td>加工误差调整</td><td></td><td></td></tr>
<tr><td>7</td><td>设备使用与保养</td><td></td><td></td></tr>
<tr><td>8</td><td>实训机床及场地清洁</td><td></td><td></td></tr>
<tr><td rowspan="3">检测</td><td>1</td><td>合理选择量具</td><td></td><td></td></tr>
<tr><td>2</td><td>正确使用量具</td><td></td><td></td></tr>
<tr><td>3</td><td>正确读取测量值</td><td></td><td></td></tr>
<tr><td colspan="5">自我小结：</td></tr>
<tr><td colspan="3">学生签字：</td><td colspan="2">教师签字：</td></tr>
</table>

知识拓展

孔加工知识集萃

一、钻削的特点

钻头通常有两个主切削刃，加工时，钻头在回转的同时进行切削。钻头的前角由中心轴线至外缘越来越大，越靠近外缘处切削速度也越大。钻头的横刃位于回转中心轴线附近，横刃的副前角较大，无容屑空间，切削速度低，因而会产生较大的轴向抗力。如果将横刃刃口修磨成 R 形，中心轴线附近的切削刃为正前角，则可减小切削抗力，显著提高切削性能。

二、断屑与排屑

钻头的切削是在空间狭窄的孔中进行的，切屑必须经钻头刃沟排出，因此切屑形状对钻头的切削性能影响很大。常见的切屑形状有片状屑、管状屑、针状屑、锥形螺旋屑、带状屑、扇形屑、粉状屑等。

当切屑形状不适当时，将产生以下问题：

1）细微切屑阻塞钻头螺旋槽，影响钻孔精度，降低钻头寿命，甚至使钻头折断（如粉状屑、扇形屑等）。

2）长切屑缠绕钻头，妨碍作业，引起钻头折损或阻碍切削液进入孔内（如螺旋屑、带状屑等）。为此，可分别或联合采用增大进给量、断续进给、修磨横刃、装断屑器等方法改善断屑和排屑效果，消除因切屑引起的问题。

三、钻孔精度

孔的精度主要由孔径尺寸、位置精度、同轴度、圆度、表面粗糙度，以及孔口毛刺等因素构成。

1. 钻削加工时影响被加工孔精度的主要因素

1）钻头的装夹精度及切削条件，如钻夹头、切削速度、进给量、切削液等。

2）钻头尺寸及形状，如钻头长度、刃部形状、钻芯形状等。

3）工件形状，如孔口侧面形状、孔口形状、厚度、装夹状态等。

2. 钻孔加工时常出现的问题及解决办法

（1）孔的切扩　孔的切扩是由加工中钻头的振动引起的。钻夹头的振摆对孔径和孔的定位精度影响很大，因此当钻夹头磨损严重时，应及时更换新钻夹头。钻削小孔时，振摆的测量及调整均较困难，所以最好采用刃部与柄部同轴度较好的粗柄小刃径钻头。使用重磨钻头加工时，造成孔精度下降的原因多是后刀面形状不对称所致。控制刃高差可有效抑制孔的切扩量。

（2）孔的圆度　由于钻头的振动，钻出的孔型很容易呈多边形，孔壁上出现像来复线的纹路。常见的多边形孔多为三角形或五边形。产生三角形孔的原因是钻孔时钻头有两个回转中心，造成切削抗力的不平衡而引起振动。当钻头转动一转后，由于加工的孔圆度不好，造成第二转切削时抗力不平衡，再次重复上次的振动，但振动相位有一定偏移，造成在孔壁上出现来复线纹路。当钻孔深度达到一定程度后，钻头刃带棱面与孔壁的摩擦增大，振动衰减，来复线消失，圆度误差减小。这种孔型从背平面看孔口呈漏斗型。同样原因，切削中还可能出现五边形、七边形孔等。为消除该现象，除对夹头振动、切削刃高度差、后刀面及刃瓣形状不对称等因素进行控制外，还应采取提高钻头刚性、提高每转进给量、减小后角、修磨横刃等措施。

（3）在斜面及曲面上钻孔　钻头的吃刀面或钻透面为斜面、曲面或阶梯时，定位精度较差，由于此时钻头为径向单面吃刀，使刀具寿命降低。为提高定位精度，可采取以下措施：

1）先钻中心孔。

2）用立铣刀铣孔座。

3）选用切入性好、刚性好的钻头。

4）降低进给速度。

（4）毛刺的处理　钻削加工中，在孔的入口及出口处会出现毛刺，尤其是在加工韧性大的材料及薄板时。其原因是当钻头快要钻透时，被加工材料出现塑性变形，这时本应由钻头靠近外缘部分，切削刃切削的三角形部分受轴向切削力作用后变形向外侧弯曲，并在钻头外缘倒角和刃带棱面的作用下进一步卷曲，形成卷边或毛边。钻削中，这种类似毛边形式的毛刺最为常见。为控制毛边产生，可采取以下措施：

1）增大钻头螺旋角，使切削刃锋利，减小切削抗力。

2）钻头锋角设计为60°左右，以减小轴向抗力。

3）钻头锋角设计为180°～190°，从外缘部分的切削刃开始切削，如采用烛台状或阶梯状的钻型。

4）降低进给速度。

5）导向定心解决办法：

① 预钻锥形定心孔。

② 对于大直径孔（直径大于ϕ30mm），分两次或多次钻孔。

③ 刃磨钻头时，尽可能使两切削刃对称。

6）冷却问题解决方法。根据具体的加工条件，采用合理的冷却方法。

7）排屑问题解决方法。在普通钻削加工中，采用定时回退的方法，把切屑排出；在深孔加工中，要通过钻头的结构和冷却措施结合，由压力切削液把切屑强制排出。

四、钻削的加工条件

一些大的刀具公司在钻头产品目录中有按加工材料排列的“基本切削用量参考表”，用户可参考其提供的切削用量选择钻削加工的切削条件。切削条件的选择是否适当，应通过试切削，根据加工精度、加工效率、钻头寿命等因素综合判断。

1. 钻头寿命与加工效率

在满足被加工工件技术要求的前提下，钻头的使用是否得当，主要应根据钻头使用寿命和加工效率来综合衡量。钻头使用寿命的评价指标可选用切削路程；加工效率的评价指标可

选用进给速度。对于高速钢钻头，钻头使用寿命受回转速度的影响较大，受每转进给量的影响较小，所以可通过增大每转进给量来提高加工效率，同时保证较长的钻头寿命。但应注意：如果每转进给量过大，切屑会增厚，造成断屑困难，因此必须通过试切确定能顺利断屑的每转进给量范围。对于硬质合金钻头，切削刃负前角方向磨有较大倒角，每转进给量的可选范围比高速钢钻头小，如加工中每转进给量超过该范围，会降低钻头使用寿命。由于硬质合金钻头的耐热性高于高速钢钻头，回转速度对钻头寿命的影响甚微，因此可采用提高回转速度的方法来提高硬质合金钻头的加工效率，同时保证钻头寿命。

2. 切削液的合理使用

钻头的切削是在空间狭窄的孔中进行的，因此切削液的种类及给注方式对钻头寿命及孔的加工精度有很大影响。切削液可分为水溶性和非水溶性两大类。非水溶性切削液的润滑性、浸润性和抗粘接性较好，同时还具有防锈作用。水溶性切削液的冷却性较好，不发烟和无可燃性。出于对环境保护的考虑，近年来水溶性切削液的使用量较大。但是，如果水溶性切削液的稀释倍率不当或切削液变质，会大大缩短刀具使用寿命，所以使用中必须加以注意。不论是水溶性切削液还是非水溶性切削液，使用中都必须使切削液充分到达切削点，同时对切削液的流量、压力、喷嘴数、冷却方式（内冷或外冷）等都必须严格控制。

五、钻头的重新刃磨

1. 钻头需重新刃磨的判别依据

1）切削刃、横刃、刃带棱面的磨损量。

2）被加工孔的尺寸精度及表面粗糙度值。

3）切屑的颜色、形状。

4）切削抗力（主轴电流、噪声、振动等间接值）。

5）加工数量等。

实际使用中应根据具体情况，从上述指标中确定准确、方便的判别标准。采用磨损量作为判别标准时，应找出经济性最好的最佳重磨期。由于主要刃磨部位为头部后刀面和横刃，如钻头磨损量过大，刃磨耗时多，磨削量大，可重磨次数减少（刀具的总使用寿命 = 重磨后的刀具寿命 × 可重磨次数），反而会缩短钻头的总使用寿命；采用被加工孔的尺寸精度作为判别标准时，应用柱规或限规检查孔的切扩量、直线度等，一旦超过控制值，应马上重新刃磨；采用切削抗力作为判别标准时，可采用超过所设界限值（如主轴电流）立即自动停机等办法；采用加工数量限度管理时，应综合上述判别内容，设定判别标准。

2. 钻头的刃磨方法

重新刃磨钻头时，最好使用钻头刃磨专用机床或万能工具磨床，这对保证钻头使用寿命和加工精度非常重要。如原来的钻型加工状态良好，可按原钻型重磨；如原钻型有缺陷，可按使用目的适当改进后刀面形状和进行横刃修磨。刃磨时应注意以下几点：

1）防止过热，避免降低钻头硬度。

2）应将钻头上的损伤（尤其是刃带棱面部位的损伤）全部除去。

3）刃型应磨对称。

4）刃磨中注意不要碰伤切削刃，并应除去刃磨后的毛刺。

5）对于硬质合金钻头，刃磨形状对钻头性能影响很大，出厂时的钻型是经科学设计、反复试验得出的最佳钻型，因此重新刃磨时一般应保持原刃型。

六、数控铣床或加工中心钻削工艺的特点

1）钻头的旋转运动为主运动，钻头的轴向运动为进给运动。

2）属于内表面加工，切屑难以排出，所以在钻头上开出螺旋槽，但这会降低钻头本身的强度及刚性。切削温度高，加工时需要浇注切削液。

3）横刃的存在，使钻孔时定心性差，加工表面质量差，生产效率低。

4）冷却、排屑和导向定心是钻孔加工的三大突出而又必须重点解决的问题。

七、常见钻孔问题的解决方法

1. 导向定心问题的解决办法

1）预钻锥形中心孔。

2）对于大直径孔（直径大于 ϕ30mm），分两次或多次钻孔。

3）刃磨钻头时，尽可能使两切削刃对称。

2. 冷却问题的解决方法

根据具体的加工条件，采用合理的冷却方法。

3. 排屑问题的解决方法

在普通钻削加工中，采用定时回退的方法，把切屑排出；在深孔加工中，要通过钻头的结构和冷却措施结合，由压力切削液把切削强制排出。

知识巩固

1. 叙述孔加工固定循环执行时的六个动作（画出示意图说明）。

2. 叙述孔加工固定循环指令中各代码的含义：

G17　G90（G91）　G99（G98）　G73（G74～G89）　X__　Y__　Z__　R__　Q__　P__　F__　K__；

3. 列举出几种常见的孔加工方法及所用刀具。

4. 分析图3-25所示零件图的结构，列出孔加工工艺、编制加工程序。

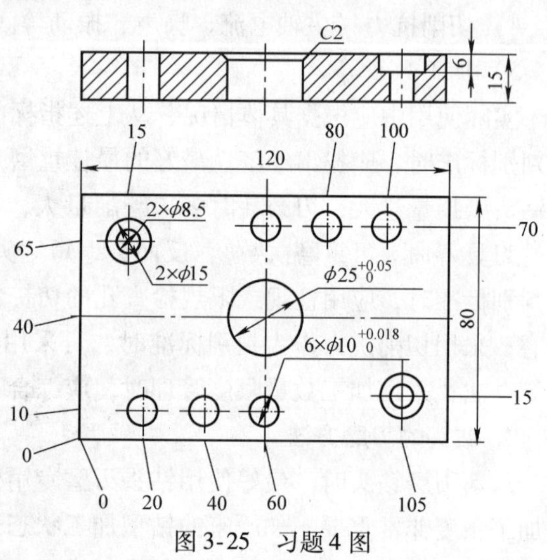

图3-25　习题4图

情境四　特型零件的加工

学习目标

一、知识目标

1）能够利用特殊指令编制零件加工程序。

2）能够合理选择铣削参数。

二、技能目标

1）能够在数控铣床上正确安装夹具和刀具。

2）能够正确进行对刀操作。

3）能够操作数控铣床加工出合格的零件。

任务引入

在机械零件的加工过程中，经常出现同一轮廓需要多次加工才能达到加工深度、相同轮廓在同一工件中多次出现、轮廓之间存在一些特定的关系的情况，例如，轮廓相对某一对称轴存在对称关系、某轮廓经过一点旋转一定的角度成为另一轮廓等。通过对特殊功能指令的学习，可以减少编程时节点的计算量，降低编程难度，缩短编程时间，减少程序的篇幅。

如图 4-1 所示工件，工件毛坯尺寸为 ϕ120mm×30mm，工件材料为铝合金 2A12。试分

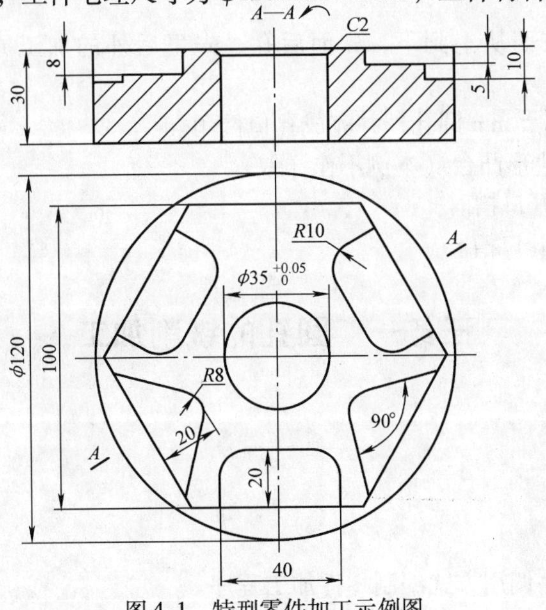

图 4-1　特型零件加工示例图

析零件图，确定加工工艺，编制加工程序，并操作数控铣床加工本例零件。

任务分析

本例零件有非常鲜明的特点：在正六边形凸台上有三个尺寸相同的U形开口槽，沿圆周等分阵列分布；有两个尺寸相同的V形开口槽，关于Y轴对称分布。工件正中有一个 $\phi 35^{+0.05}_{0}$mm 的通孔，孔口倒角为 $C2$，具体结构如图4-2所示。

任务实施

一、建立编程坐标系（图4-3）

图4-2　特型零件三维效果图

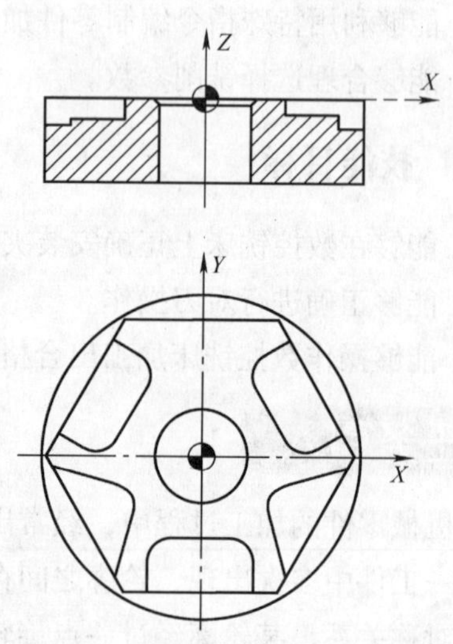

图4-3　特型零件编程坐标系

二、加工工艺安排

根据零件结构，按照从上到下、先面后孔、先里后外的加工原则，现确定加工工步如下：

1）铣削加工 $\phi 35^{+0.05}_{0}$mm 圆孔，并完成孔口倒角。

2）铣削加工正六边形凸台（本例不作详叙）。

3）铣削加工U形开口槽。

4）铣削加工V形开口槽。

任务一　圆孔的铣削加工

学习目标

一、知识目标

1）能够利用子程序调用方式编制零件加工程序。

2）能够合理选择铣削参数。

二、技能目标

1）能够在数控铣床上正确安装夹具和刀具。

2）能够正确进行对刀操作。

3）能够操作数控铣床加工出合格的零件。

任务引入

根据加工工艺安排，本次任务完成工件中心的 $\phi35^{+0.05}_{0}$ mm 圆孔的铣削加工，以及孔口倒角 $C2$，加工尺寸如图 4-4 所示。

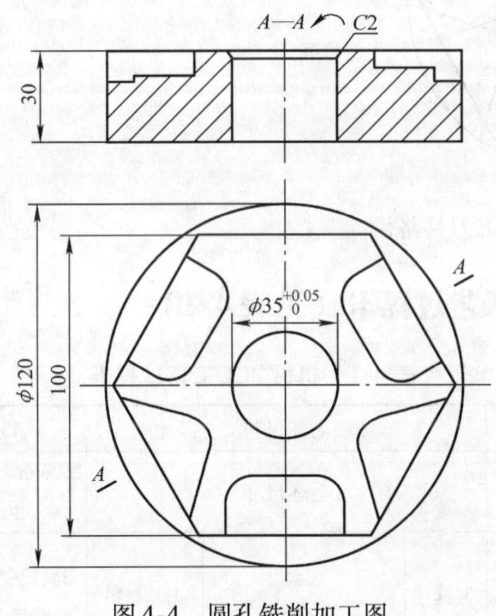

图 4-4 圆孔铣削加工图

任务分析

本次任务为加工 $\phi35^{+0.05}_{0}$ mm 圆孔，圆孔深度为 30mm。由于采用铣孔的方式加工，在孔的深度方向需要多次改变加工深度才能完成加工。

任务准备

一、工件装夹方案

工件毛坯为圆柱体，采用自定心卡盘装夹工件，由于工件直径较大，需采用反爪方式夹持。因为有通孔加工，夹持好后需取出工件垫块。

二、设计刀具路径

由于 $\phi35^{+0.05}_{0}$ mm 孔的深度为 30mm，用立铣刀无法一次加工到指定深度，因此需要对

圆弧轮廓进行分次加工，每次加工一定的深度，直至加工到指定深度，具体加工刀具路径如图4-5所示。

三、刀具及切削参数选择

ϕ35mm孔采用铣孔的方式加工，先用钻头打中心孔，然后选用ϕ16mm硬质合金立铣刀粗精加工$\phi 35^{+0.05}_{0}$孔。选用45°倒角刀（图4-6）加工ϕ35mm孔口$C2$倒角。

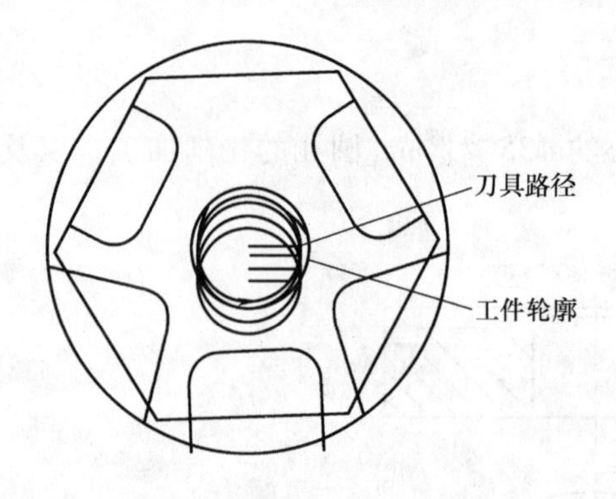

图4-5　圆孔加工刀具路径

图4-6　45°倒角刀

四、建立机械加工工艺过程卡（见表4-1）

表4-1　机械加工工艺过程卡

机械加工工艺过程卡		毛坯材料			45钢		零件图号	图4-4	
夹具	机用虎钳	毛坯尺寸			160mm×120mm×30mm		零件名称	特型零件	
工步号	工步内容	刀具号	刀具名称	刀具材料	刀具长度补偿号	刀具半径补偿值/mm	主轴转速/(r/min)	进给量/(mm/min)	进给深度/mm
1	粗铣ϕ35mm孔轮廓，留0.2mm余量	T1	ϕ16mm立铣刀	硬质合金	D1	8.2	2500	800	1
2	精铣ϕ35mm孔轮廓	T1	ϕ16mm立铣刀	硬质合金	D1	8	3000	1000	1

五、编程指令学习（见表4-2）

表4-2　编程指令表

指令	功　能	格　式	说　明
M98	子程序调用	M98　P__ __; 或M98　P__L__;	M98　P__ __：P后四位数字表示调用次数，另四位数字是子程序名 M98　P__L__：P后四位数字是子程序名，L后是调用子程序次数
M99	子程序结束		子程序结束返回主程序

子程序调用有两种格式。

1）M98　P0000　0000；

P 表示子程序调用情况。

其中，前四位数字为调用次数，省略时为调用 1 次，最多可达 999 次（FANUC 0i—MA 系统），调用次数有效数字前面的零可以省略。

后四位数字为所调用的子程序号，程序号不能省略。

例：M98　P00030100；调用 3 次子程序 O0100。

或　M98　P30100；

2）M98　P0000　L000；

P 表示调用的子程序号。

L 表示调用次数。省略时为调用 1 次，最多可达 999 次（FANUC 0i—MA 系统）。

例：M98　P0100　L3；调用 3 次子程序 O0100。

3）子程序的执行和嵌套。例如，主程序为 O0001，子程序为 O0020，主程序调用子程序 10 次，其执行顺序如图 4-7 所示。

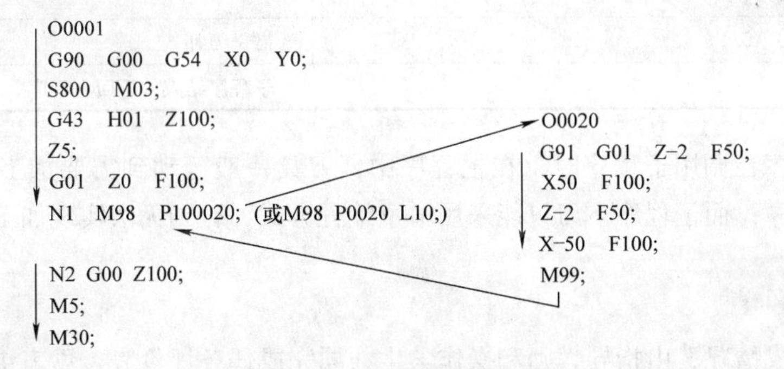

图 4-7　子程序执行示意图

① 程序在执行时，当执行到 N1 处时，转向 O0020，执行完 10 次后，返回到主程序，继续执行 N2 及以后的程序。

② 当主程序调用子程序时，子程序称为一级子程序。在应用时，子程序可以调用子程序，这种应用称为子程序的嵌套（图 4-8）。一般情况下子程序允许实现 8 层嵌套。

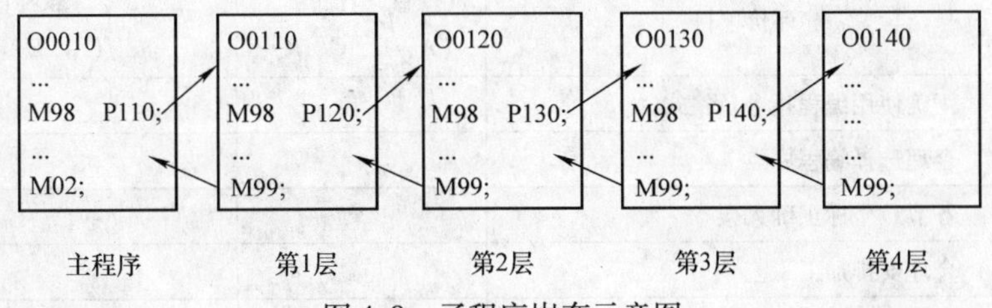

图 4-8　子程序嵌套示意图

任务实施

编制加工程序（见表 4-3）。

表 4-3　编制加工程序

O0001		说　明
N10	G0　G90　G54　X0.　Y0.　Z100.　S2500　M3；	
N20	G43　H1　Z20.；	
N30	Z5.；	
N40	G1　Z0.　F800.；	刀具运动到 Z0 平面
N50	M98　P150002；	调子程序 15 次
N60	G0　Z100.；	
N70	M5；	
N80	M30；	
O0002		子程序名
N10	G91　G1　Z－2.　F800；	增量方式下刀
N10	G90　G1　G41　X17.5　D1；	绝对方式进行轮廓加工
N20	G3　I－17.5；	
N30	G1　G40　X0.；	撤销刀补
N40	M99；	子程序结束，返回主程序

注意：主程序在调用子程序时，在主程序中，刀具一般运动到需要加工轮廓的顶平面后，再调用子程序；而子程序下刀只能采用增量编程方式，否则无法实现加工深度递增。

任务评价

根据任务完成情况，由指导教师和操作学生共同完成任务评价表，见表 4-4。

表 4-4　任务评价表

任务名称：			评定成绩：	
注意事项	发生重大事故（人身或设备安全事故）、严重违反工艺原则、野蛮操作等，取消本次任务实训资格，本次成绩评定为不及格			
类别	序号	评价项目	自我评价（A、B、C、D）	教师评价（A、B、C、D）
编程	1	正确使用编程指令及格式		
	2	合理选择编程原点		
	3	各节点坐标正确无误		
	4	合理安排加工工艺		
	5	合理安排加工路径		
	6	程序能够顺利完成加工		

（续）

类别	序号	评价项目	自我评价 （A、B、C、D）	教师评价 （A、B、C、D）
工件及刀具安装	1	正确选择工件装夹方式及夹具		
	2	夹具安装正确、牢固		
	3	选择与加工程序相符合的刀具		
	4	刀具安装正确、牢固		
	5	工件装夹正确、牢固		
操作加工	1	着装规范		
	2	设备操作步骤规范		
	3	校验加工程序		
	4	正确进行对刀操作		
	5	合理调整切削用量		
	6	加工误差调整		
	7	设备使用与保养		
	8	实训机床及场地清洁		
检测	1	合理选择量具		
	2	正确使用量具		
	3	正确读取测量值		
自我小结：				
学生签字：			教师签字：	

任务二　U形开口槽的铣削加工

学习目标

一、知识目标

1）能够利用坐标旋转指令编制零件加工程序。

2）能够合理选择铣削参数。

二、技能目标

1）能够在数控铣床上正确安装夹具和刀具。

2）能够正确进行对刀操作。

3）能够操作数控铣床加工出合格的零件。

任务引入

根据加工工艺的安排，本任务完成三个 U 形开口槽的铣削加工，如图 4-9 所示。

任务分析

三个 U 形开口槽尺寸相同，都是在 40mm × 20mm 开口槽的两个角倒 2 × R10 圆角，开口槽深度为 5mm。这三个 U 形开口槽以工件中心为旋转中心互为 120°分布。

任务准备

一、设计刀具路径

U 形开口槽采用在毛坯实体外下刀，下刀点距离实体边界至少相差一个刀具半径。加工刀具路径如图 4-10 所示。

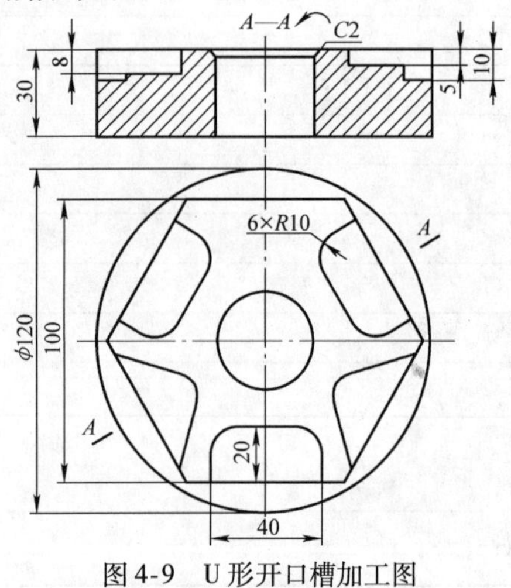

图 4-9　U 形开口槽加工图

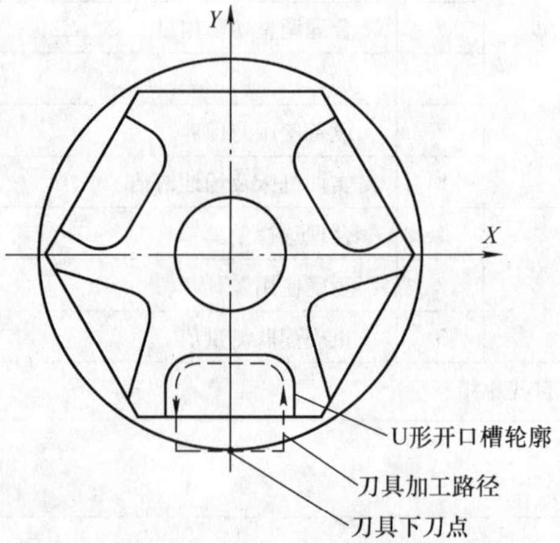

Y
X
U形开口槽轮廓
刀具加工路径
刀具下刀点

图 4-10　U 形开口槽刀具路径图

二、刀具及切削参数选择

U 形开口槽加工也选用和 $\phi35^{+0.05}_{0}$ mm 圆孔粗精加工相同的刀具。

三、建立机械加工工艺过程卡（见表 4-5）

表 4-5　机械加工工艺过程卡

机械加工工艺过程卡		毛坯材料			45 钢		零件图号	图 4-9	
夹具	机用虎钳	毛坯尺寸			160mm × 120mm × 30mm		零件名称	特型零件	
工步号	工步内容	刀具号	刀具名称	刀具材料	刀具半径补偿号	刀具半径补偿值/mm	主轴转速/(r/min)	进给量/(mm/min)	进给深度/mm
1	粗铣 U 形开口槽轮廓，留 0.2mm 余量	T1	ϕ16mm 立铣刀	硬质合金	D1	8.2	2500	800	1
2	精铣 U 形开口槽轮廓	T1	ϕ16mm 立铣刀	硬质合金	D1	8	3000	1000	1

四、编程指令学习（见表4-6）

表4-6　编程指令表

指令	功　能	格　式	说　明
G68	坐标旋转指令	G17　G68　X＿　Y＿　R＿； G18　G68　Z＿　X＿　R＿； G19　G68　Y＿　Z＿　R＿；	G17、G18、G19 用于定义旋转所处的平面；X＿　Y＿、Z＿　X＿或Y＿　Z＿用于定义旋转中心坐标；R用于定义旋转角度，逆时针旋转为正值，顺时针旋转为负值
G69	坐标旋转取消指令	—	—

旋转功能指令格式：

G17　G68　X＿　Y＿　R＿；

G18　G68　X＿　Z＿　R＿；

G19　G68　Y＿　Z＿　R＿；

G69；

说明：

G68：用于建立旋转。

G69：用于取消旋转。

X、Y、Z：用于定义旋转中心的坐标值。

P：旋转角度单位是度（°），0≤P≤360°。

在有刀具补偿的情况下，先旋转后刀补（刀具半径补偿、长度补偿）；在有缩放功能的情况下，先缩放后旋转。

G68、G69为模态指令，可相互注销，G69为默认值。其示意图如图4-11所示。

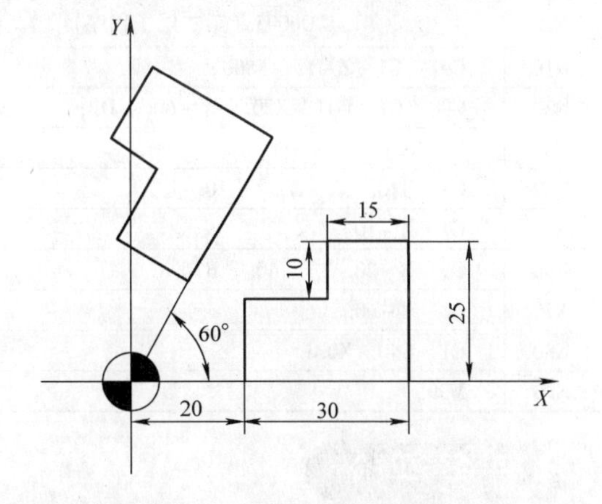

图4-11　旋转功能指令示意图

任务实施

U形槽加工程序见表4-7。

表4-7　U形槽加工程序

O0003（主程序）		说　明
N10	T2　M06；	
N20	G0　G90　G54　X0.　Y－60. Z100.　S2500　M03；	
N30	G43　H1　Z50.；	
N40	M98　P0004；	加工 *Y* 轴上的U形轮廓
N50	G17　G68　X0.　Y0.　R120.；	
N60	M98　P0004；	加工第一象限的U形轮廓

（续）

O0003（主程序）		说　明
N70	G69；	
N80	G17　G68　X0.　Y0.　R120.；	
N90	M98　P0004；	加工第二象限的U形轮廓
N100	G69；	
N110	G0　Z50；	
N120	M5；	
N130	M30；	
O0004（第一层子程序）		说　明
N10	G0　G90　X0.　Y－60.；	
N20	Z5.；	
N30	G1　Z0.　F800.；	
N40	M98　P50005；	调用5次加工U形轮廓子程序
N50	G0　Z20.；	
N60	M99；	
O0005（第二层子程序）		说　明
N10	G91　G1　Z－1.　F800；	
N20	G90　G1　G41　X20.　Y－60.　D1；	
N30	Y－40.；	
N40	G3　X10.　Y－30.　R10.；	
N50	G1　X－10.；	
N60	G3　X－20.　Y－40.　R10.；	
N70	G1　Y－60.；	
N80	G1　G40　X0.；	
N90	M99；	

任务评价

根据任务完成情况，由指导教师和操作学生共同完成任务评价表，见表4-8。

表4-8　任务评价表

任务名称：		评定成绩：		
注意事项		发生重大事故（人身或设备安全事故）、严重违反工艺原则、野蛮操作等，取消本次任务实训资格，本次成绩评定为不及格		
类别	序号	评价项目	自我评价（A、B、C、D）	教师评价（A、B、C、D）
编程	1	正确使用编程指令及格式		
	2	合理选择编程原点		
	3	各节点坐标正确无误		
	4	合理安排加工工艺		
	5	合理安排加工路径		
	6	程序能够顺利完成加工		

（续）

类别	序号	评价项目	自我评价（A、B、C、D）	教师评价（A、B、C、D）
工件及刀具安装	1	正确选择工件装夹方式及夹具		
	2	夹具安装正确、牢固		
	3	选择与加工程序相符合的刀具		
	4	刀具安装正确、牢固		
	5	工件装夹正确、牢固		
操作加工	1	着装规范		
	2	设备操作步骤规范		
	3	校验加工程序		
	4	正确进行对刀操作		
	5	合理调整切削用量		
	6	加工误差调整		
	7	设备使用与保养		
	8	实训机床及场地清洁		
检测	1	合理选择量具		
	2	正确使用量具		
	3	正确读取测量值		

自我小结：

学生签字：　　　　　　　　　　　　　　　　　　　　　　　　　　教师签字：

任务三　V形开口槽的铣削加工

学习目标

一、知识目标

1）能够利用镜像功能指令编制零件加工程序。

2）能够合理选择铣削参数。

二、技能目标

1）能够在数控铣床上正确安装夹具和刀具。

2）能够正确进行对刀操作。

3）能够操作数控铣床加工出合格的零件。

任务引入

根据加工工艺的安排，本任务完成两个V形开口槽的铣削加工，其加工尺寸如图4-12所示。

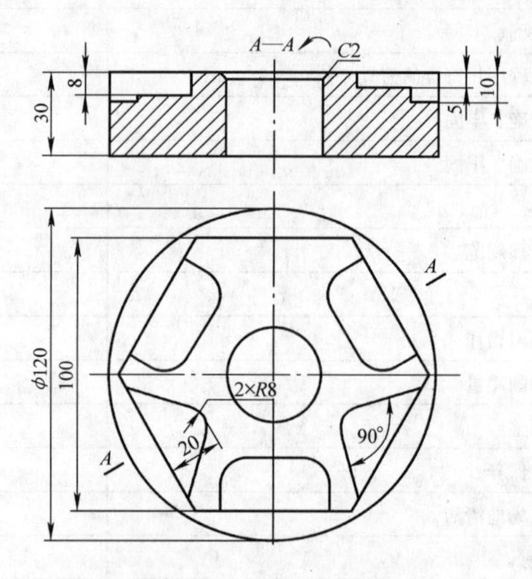

图4-12　V形开口槽加工图

任务分析

本任务中的两个V形开口槽尺寸相同，都是在90°开口槽的顶角倒R8mm圆角，开口槽深度为8mm，这两个V形开口槽关于Y轴对称分布。

任务准备

一、设计刀具路径

当使用镜像指令时，进给路线与上一加工轮廓进给路线相反，此时，圆弧指令镜像后旋转方向反向，即G02→G03或G03→G02；刀具半径补偿镜像后偏置方向反向，即G41→G42或G42→G41；轮廓顺铣镜像后顺铣会变成逆铣。所以，对于连续轮廓在使用镜像功能时，粗加工应留有充足的余量，并采用逐次逼近的方式分步加工，以免造成在逆铣时工件尺寸超差而报废。使用镜像功能加工时，常采用粗加工—半精加工—精加工的加工工艺安排。图4-13所示为V形开口槽加工路径。

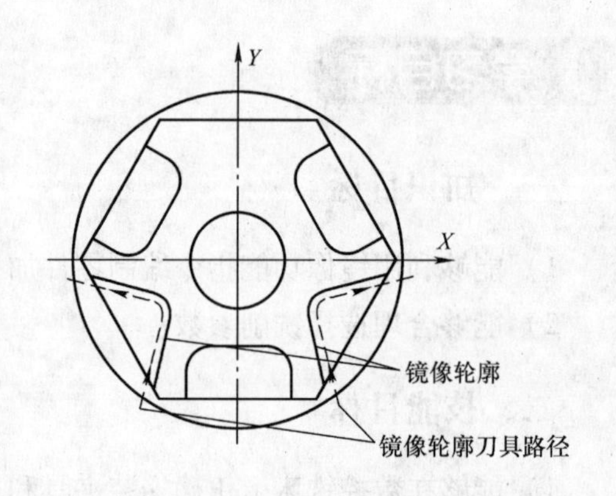

图4-13　V形开口槽加工路径

二、刀具及切削参数选择

V 形开口槽加工也选用和 $\phi35^{+0.05}_{0}$ mm 圆孔粗精加工相同的刀具。

三、建立机械加工工艺过程卡（见表 4-9）

表 4-9　机械加工工艺过程卡

机械加工工艺过程卡		毛坯材料			45 钢		零件图号	图 4-12	
夹具	机用虎钳	毛坯尺寸			160mm×120mm×30mm		零件名称	特型零件	
工步号	工步内容	刀具号	刀具名称	刀具材料	刀具半径补偿号	刀具半径补偿值/mm	主轴转速/(r/min)	进给量/(mm/min)	进给深度/mm
1	粗铣 V 形开口槽轮廓，留 1mm 余量	T1	$\phi16$mm 立铣刀	硬质合金	D1	9	2500	800	1
2	半精铣 V 形开口槽轮廓，留 0.2mm 余量	T1	$\phi16$mm 立铣刀	硬质合金	D1	8.2	2500	800	1
3	精铣 V 形开口槽轮廓	T1	$\phi16$mm 立铣刀	硬质合金	D1	8	3000	1000	1

四、编程指令学习（见表 4-10）

表 4-10　编程指令表

指令	功能	格式	说　明
M21	X 轴镜像打开		轮廓镜像以 X 轴为对称轴
M22	X 轴镜像关闭		关闭 X 轴镜像功能
M23	Y 轴镜像打开		轮廓镜像以 Y 轴为对称轴
M24	Y 轴镜像关闭		关闭 Y 轴镜像功能

镜像功能格式：

M21——X 轴镜像 ON。

M22——X 轴镜像 OFF。

M23——Y 轴镜像 ON。

M24——Y 轴镜像 OFF。

图 4-14 所示为镜像功能指令编程示例图。

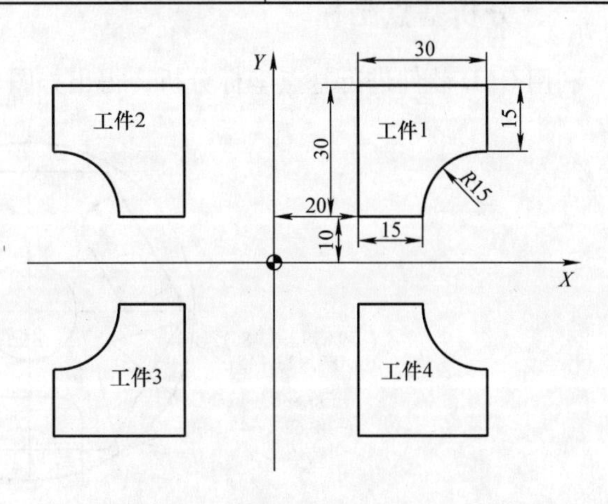

图 4-14　镜像功能指令编程示例图

主程序：

O0004

G00　G90　G54　X0　Y0；

M03　S1000；

G43　Z100　H01；

```
Z5;
M98  P0022;
M23;                    Y轴镜像打开，加工工件2
M98  P0022;             调用O0022子程序一次
M21;                    X轴镜像打开，加工工件3
M98  P0022;             调用O0022子程序一次
M24;                    Y轴镜像关闭，加工工件4
M98  P0022;             调用O0022子程序一次
M22;                    X轴镜像关闭
M05;
M30;
子程序：
O0022
G00  G90  X0  Y10 ;
G01  Z-3  F50;
G01  G41  X20  D1  F100;
Y40;
X50;
Y25;
G03  X35  Y10  R15;
G01  X0;
G01  G40  X0  Y0;
G00  Z5;
M99;
```

任务实施

一、分析基点坐标

利用CAD软件进行基点坐标分析，得出如图4-15所示的部分基点坐标。

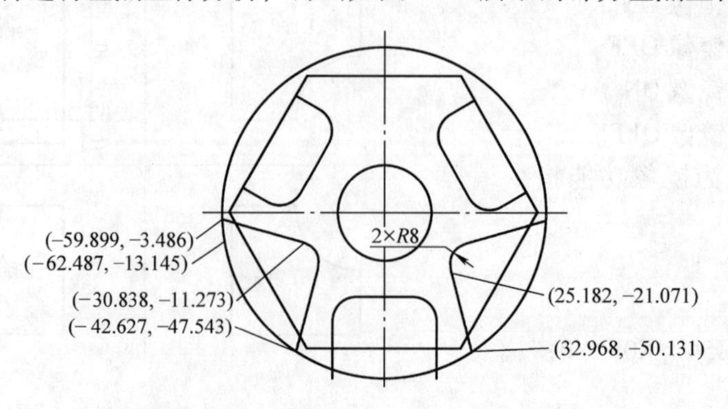

图4-15　V形开口槽基点坐标

二、编制加工程序

V 形槽加工程序见表 4-11～表 4-13。

表 4-11　V 形槽加工主程序

O0006（主程序）		说　明
N10	T2　M6；	
N20	G00　G90　G54　X0.　Y0.　S2800　M3；	
N30	G43　H1　Z50.；	
N40	M98　P0007；	
N50	M23；	
N60	M98　P0007；	
N70	M24；	
N80	M5；	
N90	M30；	

表 4-12　V 形槽加工第一层子程序

O0007（第一层子程序）		说　明
N10	G00　G90　X－42.627　Y－47.543；	
N20	Z5.；	
N30	G01　Z0.　F200.；	
N40	M98　P0008　L8；	
N50	G00　Z50.；	
N60	X0.　Y0.；	
N70	M99；	

表 4-13　V 形槽加工第二层子程序

O0008（第二层子程序）		说　明
N10	G91　G01　Z－1.　F200.；	增量方式下刀
N20	G90　G01　G41　X－32.968　Y－50.131　D1　F800.；	建立左刀补
N30	X－25.182　Y－21.071；	
N40	G03　X－30.838　Y－11.273　R8.；	
N50	G01　X－59.899　Y－3.486；	
N60	G01　G40　X－62.487　Y－13.145；	撤销刀补
N70	G00　X－42.627　Y－47.543；	快速运动到下刀点
N80	M99；	

任务评价

根据任务完成情况，由指导教师和操作学生共同完成任务评价表，见表4-14。

表4-14　任务评价表

任务名称：		评定成绩：		
注意事项	发生重大事故（人身或设备安全事故）、严重违反工艺原则、野蛮操作等，取消本次任务实训资格，本次成绩评定为不及格			
类别	序号	评价项目	自我评价（A、B、C、D）	教师评价（A、B、C、D）
编程	1	正确使用编程指令及格式		
	2	合理选择编程原点		
	3	各节点坐标正确无误		
	4	合理安排加工工艺		
	5	合理安排加工路径		
	6	程序能够顺利完成加工		
工件及刀具安装	1	正确选择工件装夹方式及夹具		
	2	夹具安装正确、牢固		
	3	选择与加工程序相符合的刀具		
	4	刀具安装正确、牢固		
	5	工件装夹正确、牢固		
操作加工	1	着装规范		
	2	设备操作步骤规范		
	3	校验加工程序		
	4	正确进行对刀操作		
	5	合理调整切削用量		
	6	加工误差调整		
	7	设备使用与保养		
	8	实训机床及场地清洁		
检测	1	合理选择量具		
	2	正确使用量具		
	3	正确读取测量值		
自我小结：				
学生签字：			教师签字：	

知识拓展

切削参数的选择原则

一、切削用量

切削用量是指切削速度、进给量和背吃刀量三者的总称。

（1）切削速度 v_c　在切削加工中，切削刃上选定点相对于工件的主运动速度。

$$v_c = \frac{\pi dn}{1000}$$

式中　d——完成主运动的刀具或工件的最大直径（mm）；

n——主运动的转速（r/min）；

π——圆周率，取3.14。

（2）每转进给量 f　工件或刀具的主运动每转一转，工件和刀具在进给运动中的相对位移量。

每分钟进给量为

$$F = nf$$

（3）吃刀量 a_p　等于工件已加工表面与待加工表面间的垂直距离。

二、合理选择切削用量的原则

粗加工时，一般以提高生产率为主，但也应考虑经济性和加工成本；半精加工和精加工时，应在保证加工质量的前提下，兼顾切削效率、经济性和加工成本。具体数值应根据机床说明书、切削用量手册，并结合经验而定。具体要考虑以下几个因素：

（1）吃刀量 a_p　在机床、工件和刀具刚度允许的情况下，a_p就等于加工余量，这是提高生产率的一个有效措施。为了保证零件的加工精度，提高零件表面粗糙度，一般应留一定的余量进行精加工。数控机床的精加工余量可略小于普通机床。

（2）切削宽度 L　一般 L 与刀具直径 d 成正比，与切削深度成反比。数控铣床的加工过程中，一般 L 的取值范围为 $L=（0.6 \sim 0.9）d$。

（3）切削速度 v_c　提高 v_c也是提高生产率的一个措施，但 v_c与刀具寿命的关系比较密切。随着 v_c的增大，刀具寿命急剧下降，故 v_c的选择主要取决于刀具寿命。另外，切削速度与加工材料也有很大关系，例如，用立铣刀铣削合金钢30CrNi2MoVA时，v_c可采用8m/min左右；而用同样的立铣刀铣削铝合金时，v_c可取200m/min以上。

（4）主轴转速 n（r/min）　主轴转速一般根据切削速度 v_c来选定。数控机床的控制面板上一般备有主轴转速修调（倍率）开关，可在加工过程中对主轴转速进行合理的调整。

（5）进给速度 v_f　v_f 应根据零件的加工精度和表面粗糙度要求，以及刀具和工件材料来选择。v_f 的增加也可以提高生产效率。加工表面粗糙度要求低时，v_f 可选择得大些。在加工过程中，v_f 也可通过机床控制面板上的修调开关进行人工调整，但是最大进给速度要受到设备刚度和进给系统性能等的限制。

三、切削参数对刀具寿命的影响

在合理选择的基础上，当切削速度 v_c增大一倍时，刀具寿命下降97%；进给量 F 增大

一倍时，刀具寿命下降70%，而切削深度 a_p 增大一倍时，刀具寿命下降仅40%左右。由此看来，切削速度对刀具寿命的影响最大，进给量次之，吃刀量影响最小。

知识巩固

1. 叙述G00与G01程序段的主要区别。
2. 简述子程序功能指令的使用场合及优点。
3. 简述旋转功能指令和镜像功能指令的使用场合及注意事项。
4. 试分析图4-16所示零件图结构，确定加工工艺、编制加工程序。

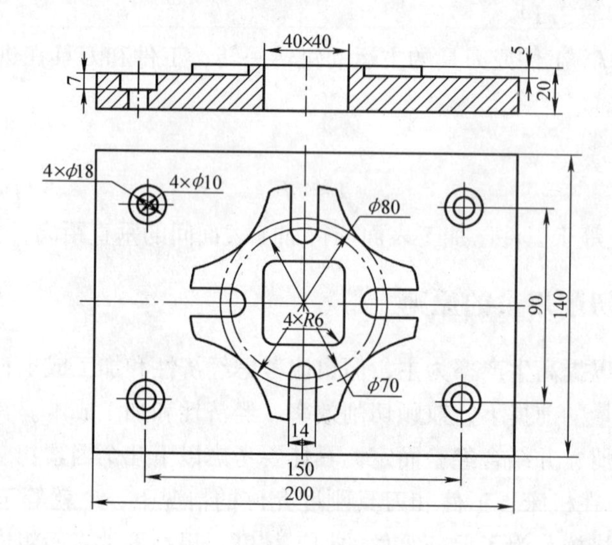

图4-16　习题4图

情境五　零件的综合加工

任务一　零件的综合加工示例（一）

学习目标

一、知识目标

1）能够合理安排综合零件的加工工步内容。
2）能够合理选择铣削参数。
3）能够在教师的指导下完成零件程序的编制。

二、技能目标

1）能够在数控铣床上正确安装夹具和刀具。
2）能够正确进行对刀操作。
3）能够操作数控铣床加工合格的综合零件。

任务引入

企业生产中零件的加工常常包括了二维外轮廓、内轮廓以及孔的加工。相对应的加工方法包括了铣削、钻削、扩孔、镗孔、铰孔等多种方法的综合应用，加工的精度不同，选择的加工方法和加工工艺也有所不同。

如图5-1所示工件，工件毛坯尺寸为160mm × 120mm × 20mm，工件材料为45钢。试分析零件图，确定加工工艺，编制加工程序，并操作数控铣床加工本例零件。

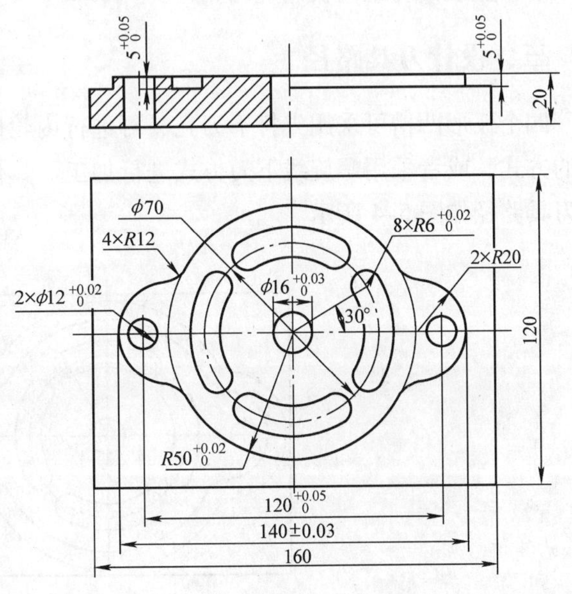

图5-1　零件的综合加工示例（一）零件图

任务分析

该零件是在160mm × 120mm × 20mm板料上进行外圆弧形轮廓（四个R12mm圆弧分别与两个$R50^{+0.02}_{0}$mm圆弧和两个R20mm圆弧相切）加工、内轮廓（四个圆弧形凹槽）加工，并完成

$\phi16^{+0.03}_{0}$mm 和两个 $\phi12^{+0.02}_{0}$mm 孔的加工。零件内外形均标有尺寸公差，且公差较小；两个 $\phi12^{+0.02}_{0}$mm 孔除有尺寸公差外，孔距还有公差要求（$120^{+0.05}_{0}$mm）。零件实体图如图 5-2 所示。

图 5-2 零件的综合加工示例（一）零件实体图

任务准备

一、建立编程坐标系（图 5-3）

本例工件结构对称分布，选择对称中心为编程坐标系的原点，Z 轴原点设在工件上表面。

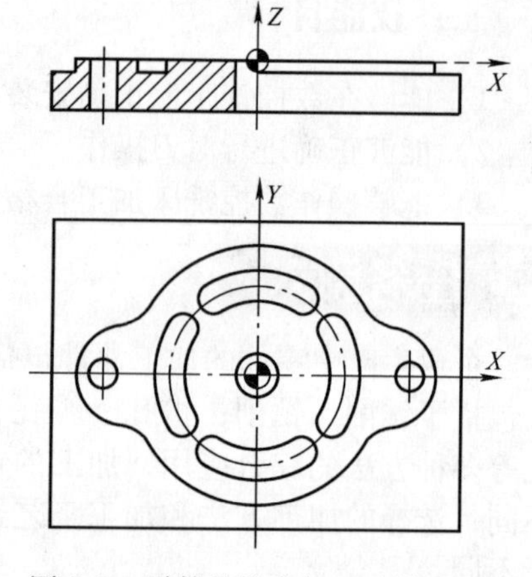

图 5-3 零件的综合加工示例（一）编程坐标系

二、确定工件装夹方案

本例工件毛坯为 160mm × 120mm × 20mm 方钢，故采用机用虎钳装夹。工件外轮廓加工深度为 $5^{+0.05}_{0}$mm，所以工件上表面应距离机用虎钳钳口 8 ~ 10mm。

三、设计刀具路径

四个弧形凹槽可采用先打下刀孔、再进行内轮廓加工的方式，或者采用螺旋线下刀方式进行加工。具体加工刀具路径如图 5-4 所示。

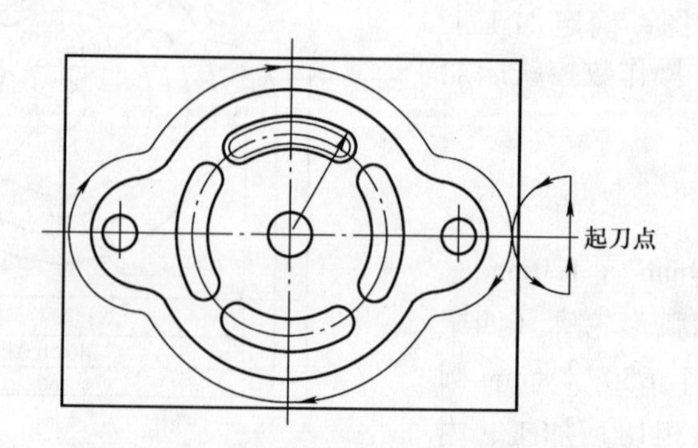

图 5-4 零件的综合加工示例（一）刀具路径

四、选择刀具及切削参数

工件外轮廓的最小凹圆弧为 $R12$mm，故选择 $\phi20$mm 可转位硬质合金立铣刀（图 5-5）对外轮廓进行粗加工；工件内轮廓的最小凹圆弧为 $R6$mm，故选择 $\phi10$mm 硬质合金立铣刀对四个弧形内轮廓进行粗加工，以及内、外轮廓的精加工。

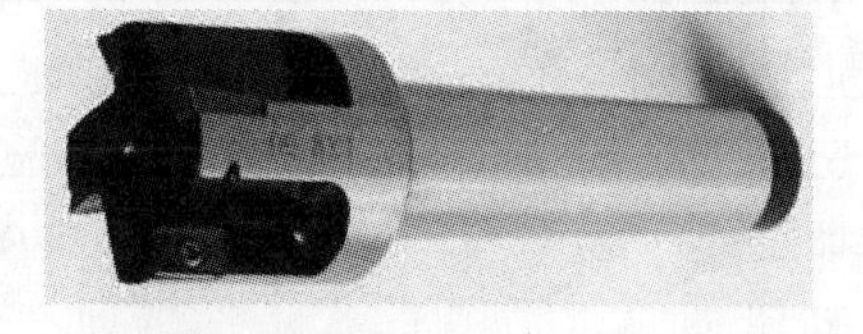

图 5-5　可转位立铣刀实物图

因为标准麻花钻的通用规格在 $\phi10$mm 以上是每加 0.5mm 为一个直径规格，$\phi16^{+0.03}_{0}$ mm 孔如果用 $\phi15.5$mm 麻花钻打底孔，则铰削余量太大，所以加工 $\phi16^{+0.03}_{0}$ mm 孔采用“打中心孔—钻孔—粗镗—精镗”的工步安排。为了保证孔距要求，$2\times\phi12^{+0.02}_{0}$ mm 孔也采用“打中心孔—钻孔—粗镗—铰孔”的工步安排，用 $\phi11.5$mm 麻花钻打底孔，铰刀规格为 $\phi12$H7。

1. 刀具转速的确定

根据附录 C 和附录 E 以及选择的刀具，确定各刀具切削速度，并填入机械加工工序卡相应位置。

2. 进给量的确定

根据附录 D 和附录 E，确定各刀具进给速度，并填入机械加工工序卡相应位置。

五、建立机械加工工艺过程卡（见表 5-1）

表 5-1　机械加工工艺过程卡

机械加工工艺过程卡		毛坯材料			45 钢		零件图号	图 5-1	
夹具	机用虎钳	毛坯尺寸			160mm×120mm×20mm		零件名称	综合加工（一）	
工步号	工步内容	刀具号	刀具名称	刀具材料	刀具半径补偿号	刀具半径补偿值/mm	主轴转速/(r/min)	进给量/(mm/min)	进给深度/mm
1	粗加工弧形凹槽	T1	$\phi10$mm 立铣刀	硬质合金	D1	5.2	1500	300	1
2	粗加工外轮廓	T2	$\phi20$mm 可转位立铣刀	硬质合金	D2	10.2	800	200	
3	精加工内、外轮廓	T3	$\phi10$mm 立铣刀	硬质合金	D3	5	1800	400	1
4	钻中心孔	T4	A4 中心钻	高速钢			800	40	5
5	钻 $\phi16^{+0.03}_{0}$ mm 孔的底孔	T5	$\phi15.5$mm 麻花钻	高速钢			350	30	27
6	粗、精镗 $\phi16^{+0.03}_{0}$ mm 孔	T6	镗刀	硬质合金			600	60	23
7	钻 $\phi12^{+0.02}_{0}$ mm 孔的底孔	T8	$\phi11.5$mm 麻花钻	高速钢			470	30	28
8	粗镗 $\phi12^{+0.02}_{0}$ mm 孔	T6	镗刀	硬质合金			500	60	23
9	铰 $\phi12^{+0.02}_{0}$ mm 孔	T9	$\phi12$H7 铰刀	高速钢			300	30	28

六、编程指令学习（见表5-2）

表5-2 编程指令表

指令	功能	格式	说明
G02 G03	螺旋线进给指令	G17 G02/G03 X__ Y__ Z__ R__ F__; 或 G17 G02/G03 X__ Y__ Z__ I__ J__ F__;	实现螺旋线下刀加工或螺旋线进给加工
M98	子程序调用指令	M98 P□□□□□□□□;	
G81	钻孔固定循环指令	G81 X__ Y__ Z__ R__ K__ F__;	
G86	镗孔固定循环指令	G86 X__ Y__ Z__ R__ K__ F__;	
G85	精镗孔固定循环指令	G85 X__ Y__ Z__ R__ K__ F__;	

G85 表示精镗孔固定循环指令。

G85 指令执行时，刀具以切削进给的方式加工到孔底，然后又以切削进给的方式返回到 *R* 点平面，因此适用于精镗（铰）孔等情况。具体执行动作如图 5-6 所示。

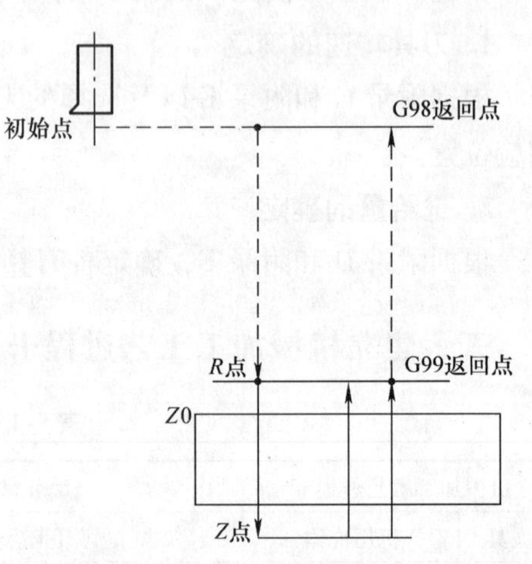

图5-6 G85 执行动作示意图

任务实施

一、分析基点坐标

利用 CAD 软件进行基点坐标分析，得出如图 5-7 所示部分基点坐标。

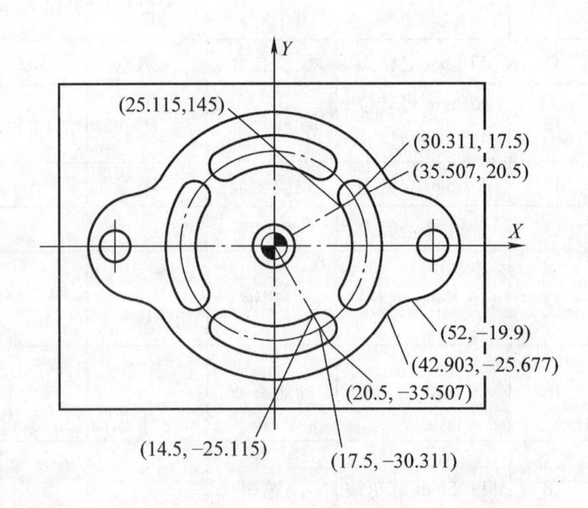

图5-7 部分基点坐标

二、编制加工程序

1. 内轮廓加工程序（见表5-3）

表 5-3　内轮廓加工程序

O0001（主程序）		说　明
N10	T1　M6；	
N20	G17　G0　G90　G54　X0.　Y0.　S1500　M3；	
N30	G43　H1　Z50.；	
N40	M98　P0002；	
N50	G68　X0.　Y0.　R90.；	
N60	M98　P0002；	
N70	G68　X0.　Y0.　R180.；	
N80	M98　P0002；	
N90	G68　X0.　Y0.　R270.；	
N100	M98　P0002；	
N110	G69；	
N120	G0　Z100.；	
N130	M5；	
N140	M30；	
O0002（螺旋线下刀子程序）		说　明
N10	G0　X30.311　Y17.5；	
N20	Z5.；	
N30	G1　Z0　F150；	
N40	G1　G41　X25.115　Y14.5　D1　F300.；	
N50	G17　G2　Y-14.5　R29.　Z-0.5；	
N60	G3　X35.507　Y-20.5　R6.；	
N70	Y20.5　R41.　Z-1.；	
N80	X25.115　Y14.5　R6.；	
N90	G2　Y-14.5　R29.　Z-1.5；	
N100	G3　X35.507　Y-20.5　R6.；	
N110	Y20.5　R41.　Z-2.；	
N120	X25.115　Y14.5　R6.；	
N130	G2　Y-14.5　R29.　Z-2.5；	
N140	G3　X35.507　Y-20.5　R6.；	
N150	Y20.5　R41.　Z-3.；	
N160	X25.115　Y14.5　R6.；	
N170	G2　Y-14.5　R29.　Z-3.5；	
N180	G3　X35.507　Y-20.5　R6.；	
N190	Y20.5　R41.　Z-4.；	

（续）

O0002（螺旋线下刀子程序）		说　明
N20	X25.115　Y14.5　R6.；	
N21	G2　Y－14.5　R29.　Z－4.5；	
N22	G3　X35.507　Y－20.5　R6.；	
N23	Y20.5　R41.　Z－5；	
N24	X25.115　Y14.5　R6.；	螺旋线下刀至加工深度后还需沿轮廓线加工一周，才能将螺旋下刀时 Z 方向剩余量加工完
N25	G2　Y－14.5　R29.；	
N26	G3　X35.507　Y－20.5　R6.；	
N27	Y20.5　R41.；	
N28	G1　G40　X30.311　Y17.5；	
N29	G0　Z50.；	
N30	M99；	

2. 外轮廓加工程序（见表5-4）

表5-4　外轮廓加工程序

O0003（主程序）		说　明
N10	T2　M6；	
N20	G0　G90　G55　X95.　Y0.　S800　M3；	定位在安全下刀位置
N30	G43　H2　Z100.；	
N40	Z5.；	
N50	G1　Z0　F200；	
N60	M98　P0004　L5；	调5次外轮廓加工子程序
N70	G0　Z100.	
N80	M5；	
N90	M30；	
O0004（子程序）		外轮廓加工子程序
N10	G91　G1　Z－1.　F200.；	增量方式
N20	G90　G1　G41　X95.　Y25.　D2；	绝对方式
N30	G3　X70.　Y0.　R25；	
N40	G2　X52.　Y－19.9　R20.；	
N50	G3　X42.903　Y－25.677　R12.；	
N60	G2　X－42.903　R50.；	
N70	G3　X－52.　Y－19.9　R12.；	
N80	G2　Y19.9　R20.；	
N90	G3　X－42.903　Y25.677　R12.；	
N100	G2　X42.903　R50.；	
N110	G3　X52.　Y19.9　R12.；	

（续）

O0004（子程序）		外轮廓加工子程序
N120	G2　X70.　Y0.　R20.；	
N130	G3　X95.　Y－25.　R25；	
N140	G1　G40　X95.　Y0.；	
N150	M99；	

3. $2\times\phi12^{+0.02}_{0}$mm 孔加工程序（见表5-5）

表5-5　$2\times\phi12^{+0.02}_{0}$mm 孔加工程序

O0005		说　明
N10	T4　M6；	
N20	G0　G90　G54　X－60.　Y0.　S800　M3；	
N30	G43　H4　Z100.；	
N40	G99　G81　Z－5.　R10.　F40.；	钻中心孔
N50	G98　X60.；	
N60	T8　M6；	
N70	G0　G90　G54　X60.　Y0.　S470　M3；	
N80	G43　H8　Z100.；	
N90	G99　G81　Z－28.　R10.　F30.；	钻ϕ11.5mm孔
N100	G98　X－60.；	
N110	T6　M6；	
N120	G0　G90　G54　X－60.　Y0.　S700　M3；	
N130	G43　H6　Z100.；	
N140	G99　G85　Z－23.　R10.　F60.；	镗孔至ϕ11.9mm
N150	G98　X60.；	
N160	T9　M6；	
N170	G0　G90　G54　X60.　Y0.　S300　M3；	
N180	G43　H9　Z100.；	
N190	G99　G81　Z－28.　R10.　F30.；	铰ϕ12mm孔
N200	G98　X－60.；	
N210	G80；	
N220	M5；	
N230	M30；	

任务评价

根据任务完成情况，由指导教师和操作学生共同完成任务评价表，见表5-6。

表 5-6　任务评价表

任务名称：　　　　　　　　　　　　　　　　　评定成绩：

注意事项	发生重大事故（人身或设备安全事故）、严重违反工艺原则、野蛮操作等，取消本次任务实训资格，本次成绩评定为不及格			
类别	序号	评价项目	自我评价（A、B、C、D）	教师评价（A、B、C、D）
编程	1	正确使用编程指令及格式		
	2	合理选择编程原点		
	3	各节点坐标正确无误		
	4	合理安排加工工艺		
	5	合理安排加工路径		
	6	程序能够顺利完成加工		
工件及刀具安装	1	正确选择工件装夹方式及夹具		
	2	夹具安装正确、牢固		
	3	选择与加工程序相符合的刀具		
	4	刀具安装正确、牢固		
	5	工件装夹正确、牢固		
操作加工	1	着装规范		
	2	设备操作步骤规范		
	3	校验加工程序		
	4	正确进行对刀操作		
	5	合理调整切削用量		
	6	加工误差调整		
	7	设备使用与保养		
	8	实训机床及场地清洁		
检测	1	合理选择量具		
	2	正确使用量具		
	3	正确读取测量值		

自我小结：

学生签字：	教师签字：

任务二　零件的综合加工示例（二）

学习目标

一、知识目标

1）能够合理安排综合零件的加工工步内容。

2）能够合理选择铣削参数。

3）能够在教师指导下完成零件程序的编制。

4）能够在教师指导下合理安排内尖角倒较小圆角轮廓的粗、精加工。

二、技能目标

1）能够在数控铣床上正确安装夹具和刀具。

2）能够正确进行对刀操作。

3）能够加工出合格的不通孔。

4）能够操作数控铣床加工合格的综合零件。

任务引入

在机械零件加工过程中，不通孔的加工十分普遍，内尖角倒较小圆角的轮廓加工也很常见。如图5-8所示工件，工件毛坯尺寸为120mm×90mm×30mm，工件材料为45钢。试分析零件图，确定加工工艺，编制加工程序，并操作数控铣床加工本例零件。

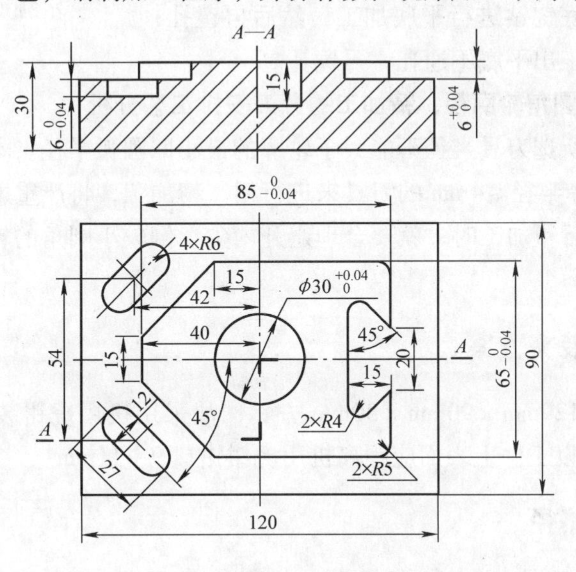

图5-8　零件的综合加工示例（二）零件图

任务分析

图 5-9 零件的综合加工示例（二）零件实体图

本例零件在 120mm × 90mm × 30mm 毛坯上加工出 $85_{-0.04}^{\ 0}$mm × $65_{-0.04}^{\ 0}$mm 凸台，凸台深度为 $6_{\ 0}^{+0.04}$mm，凸台的左边有两处 25mm × 45°的斜边；右边有一个燕尾形内尖角轮廓，尖角处有两处 *R*4mm 圆弧倒角。在凸台上有 $\phi30_{\ 0}^{+0.04}$mm × 15mm 不通孔；在与 25mm × 45°斜边平行处，有两个 27mm × 12mm 凹槽，凹槽两端均倒 *R*6mm 圆角，槽深为 $6_{-0.04}^{\ 0}$mm。零件实体图如图 5-9 所示。

任务准备

一、建立编程坐标系（图 5-10）

从零件图中可以看出，其设计基准是 120mm × 90mm 长方形轮廓的中心，而编程原点应尽量与设计基准重合，故选择 120mm × 90mm 长方形轮廓的中心为 *X*、*Y* 轴的编程原点，*Z* 轴原点设在工件的上表面。

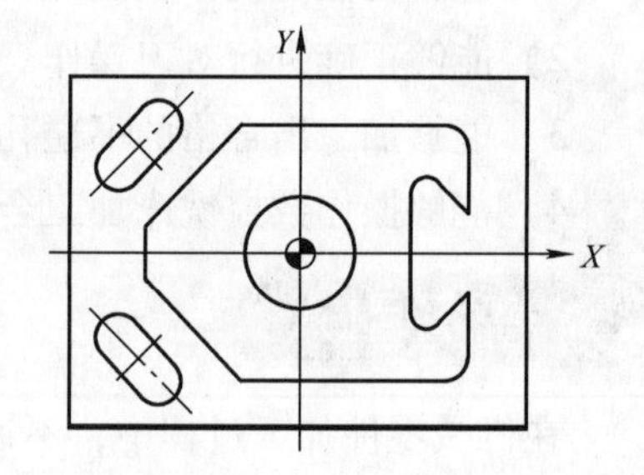

图 5-10 零件的综合加工示例（二）编程坐标系

二、分析加工工艺

1. $\phi30_{\ 0}^{+0.04}$mm × 15mm 不通孔加工工艺分析

由于钻头顶角的存在，钻头钻不通孔后孔底就不是平底，所以需要用平底锪钻进行平底加工，然后再镗孔；或者用铣孔的方式加工出平底不通孔，再镗孔。

2. 内尖角倒较小圆角轮廓粗、精加工的分刀安排工艺分析

在加工轮廓时，所选刀具半径不能大于轮廓的最小凹圆弧半径。本例零件最小凹圆弧半径为 *R*4mm，如果选择半径≤4mm 的刀具来进行粗、精加工，将严重影响加工效率。所以在选用较大半径刀具进行粗加工时，就要合理避开内尖角倒较小圆角的轮廓，将这部分轮廓单独进行粗、精加工。

三、确定工件装夹方案

本例工件毛坯为 120mm × 90mm × 30mm 方钢，故采用机用虎钳装夹。工件外轮廓加工深度为 $6_{\ 0}^{+0.04}$mm，所以工件上表面应距离机用虎钳钳口 9 ~ 11mm。

四、设计刀具路径

在粗加工阶段，考虑到要切除掉大多数的工件体积，所以选用较大直径的铣刀。而本例工件存在 *R*4mm 内尖角，如果粗加工的加工轮廓选择凸台轮廓线，所选刀具直径就不能大于

ϕ8mm，否则就会出现加工程序报警而无法加工。所以本例工件粗加工刀具路径就选择不加工 R4mm 内尖角，这样就可以选用较大直径的刀具来进行粗加工。于是，粗、精加工就出现了不同的刀具路径。具体刀具路径如图 5-11 所示。

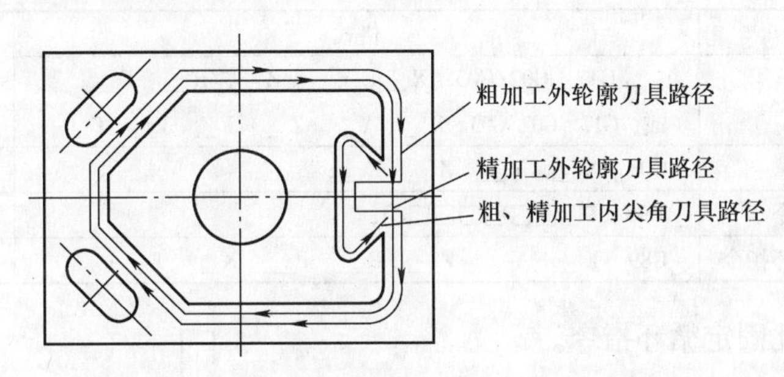

图 5-11　零件的综合加工示例（二）刀具路径

五、选择刀具及切削参数

粗加工时，考虑到加工效率，应尽量选择较大直径的刀具。本例工件存在内尖角，最小凹圆弧半径为 R4mm，所以选择 ϕ16mm 高速钢立铣刀对外轮廓进行粗加工。选择 ϕ6mm 硬质合金立铣刀对内尖角轮廓单独进行粗、精加工。选择 ϕ10mm 硬质合金立铣刀对外轮廓进行精加工。

另外，选择 ϕ16mm 高速钢立铣刀，采用螺旋线下刀的方式粗加工 $\phi 30^{+0.04}_{0}$ mm × 15mm 不通孔，然后再粗、精镗孔。选择 ϕ10mm 硬质合金立铣刀粗、精加工 27mm × 12mm 凹槽。

1. 刀具转速的确定

根据附录 C 和附录 E 以及选择的刀具，确定各刀具切削速度，并填入机械加工工序卡相应位置。

2. 进给量的确定

根据附录 D 和附录 E，确定各刀具进给速度，并填入机械加工工序卡相应位置。

六、建立机械加工工艺过程卡（见表 5-7）

表 5-7　机械加工工艺过程卡

机械加工工艺过程卡		毛坯材料			45 钢		零件图号	图 5-8	
夹具	机用虎钳	毛坯尺寸			120mm × 90mm × 30mm		零件名称	综合加工（二）	
工步号	工步内容	刀具号	刀具名称	刀具材料	刀具半径补偿号	刀具半径补偿值/mm	主轴转速/(r/min)	进给量/(mm/min)	进给深度/mm
1	粗加工 $\phi 30^{+0.04}_{0}$ mm 孔	T1	ϕ16mm 立铣刀	高速钢	D1	9	400	40	15
2	粗加工外轮廓	T1	ϕ16mm 立铣刀	高速钢	D1	8.2	400	40	6
3	粗、精镗 $\phi 30^{+0.04}_{0}$ mm 孔	T2	镗刀	硬质合金	—	—	500	60	15
4	粗加工内尖角轮廓	T3	ϕ6mm 立铣刀	硬质合金	D3	3.2	1800	150	1
5	精加工内尖角轮廓	T4	ϕ6mm 立铣刀	硬质合金	D4	3	2000	200	1
6	粗加工凹槽	T5	ϕ10mm 立铣刀	硬质合金	D5	5.2	1500	150	1
7	精加工凹槽及外轮廓	T6	ϕ10mm 立铣刀	硬质合金	D6	5	1700	200	1

七、编程指令学习（见表5-8）

表5-8　编程指令表

指令	功能	格式	说　明
G02 G03	螺旋线进给指令	G17　G02/G03　X__　Y__　Z__　R__　F__; 或　G17　G02/G03　X__　Y__　Z__　I__　J__　F__;	实现螺旋线下刀加工 或螺旋线进给加工
G01	直线加工指令	G01　X__　Y__　Z__　F__;	实现斜线下刀
M98	子程序调用指令	M98　P□□□□□□□□;	
G89	精镗孔固定循环指令	G89　X__　Y__　Z__　R__　P__　K__　F__;	孔底延时，便于平底

G89 表示精镗孔固定循环指令。

G89 的执行动作以切削速度进给到孔底，暂停一段时间，然后以切削速度退回。其执行动作如图 5-12 所示。

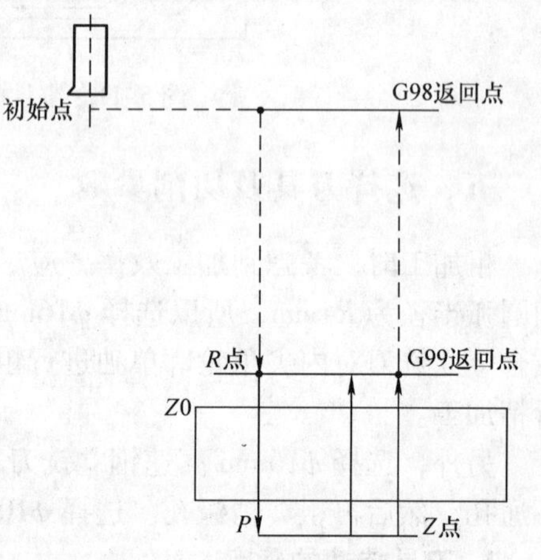

图 5-12　G89 执行动作示意图

任务实施

一、分析基点坐标

利用 CAD 软件进行基点坐标分析，得出图 5-13 所示部分基点坐标。

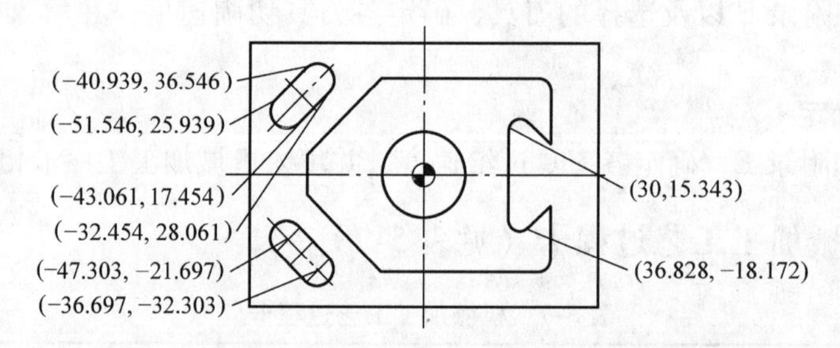

图 5-13　零件的综合加工示例（二）部分基点坐标

二、编制加工程序

1. 外轮廓粗加工程序（见表5-9）

表5-9　外轮廓粗加工程序

O0001		说　明
N10	T1　M6;	
N20	G0　G90　G54　X70.　Y－10.　S400　M3;	
N30	G43　H1　Z100.;	
N40	Z5.;	

（续）

O0001		说　明
N50	G1　Z-6.　F100.;	
N60	G1　G41　X45.　Y-10.　D1　F40.;	
N70	Y-27.5;	
N80	G2　X40.　Y-32.5　R5.;	
N90	G1　X-15.;	
N100	X-40.　Y-7.5;	
N110	Y7.5;	
N120	X-15.　Y32.5;	
N130	X40.;	
N140	G2　X45.　Y27.5　R5.;	
N150	G1　Y10.;	
N160	X30.;	
N170	Y-10.;	
N180	X50.;	
N190	G1　G40　X70.;	
N200	G0　Z100.;	
N210	M5;	
N220	M30;	

2. 内尖角轮廓粗、精加工程序（见表5-10）

表5-10　内尖角轮廓粗、精加工程序

O0002（主程序）		说　明
N10	T3　M6;	
N20	G0　G90　G54　X50.　Y0.　S1800　M3;	
N30	G43　H3　Z100.;	
N40	Z5.;	
N50	G1　Z0.　F200.;	
N60	M98　P60003;	
N70	G0　Z100.;	
N80	M5;	
N90	M30;	
O0003（子程序）		说　明
N10	G1　G91　Z-1.　F150.;	用增量编程方式下刀
N20	G1　G90　G41　X50.　Y5.　D3;	用绝对编程方式加工
N30	X36.828　Y18.172;	
N40	G3　X30.　Y15.343　R4.;	
N50	G1　Y-15.343;	

（续）

O0003（子程序）		说　明
N60	G3　X36.828　Y－18.172　R4.；	
N70	G1　X50.　Y－5.；	
N80	G1　G40　X50.　Y0.　F300；	
N90	M99；	

3. 凹槽斜线下刀粗加工程序（见表5-11）

表5-11　凹槽斜线下刀粗加工程序

O0004（主程序）		说　明
N10	T5　M6；	
N20	G0　G90　G54　X－47.303　Y－21.697　S1500　M3；	
N30	G43　H5　Z100.；	
N40	Z0.；	
N50	G1　Z－6.　F150.；	
N60	M98　P30005；	
N70	G0　Z10.；	
N80	X－36.697　Y32.303；	
N90	Z0.；	
N100	G1　Z－6.　F150.；	
N110	M98　P30006；	
N120	G0　Z100.；	
N130	M5；	
N140	M30；	
O0005（第三象限凹槽子程序）		说　明
N10	G1　G91　X15.　Y－15.　Z－1.　F150.；	沿凹槽中心线斜线下刀
N20	G1　G90　G41　X－32.454　Y－28.061　D5；	
N30	X－43.061　Y－17.454；	
N40	G3　X－51.546　Y－25.939　R6.；	
N50	G1　X－40.939　Y－36.546；	
N60	G3　X－32.454　Y－28.061　R6.；	
N70	G1　G40　X－36.697　Y－32.303；	
N80	G1　G91　X－15.　Y15.　Z－1.；	
N90	G1　G90　G41　X－43.061　Y－17.454　D5；	
N100	G3　X－51.546　Y－25.939　R6.；	
N110	G1　X－40.939　Y－36.546；	
N120	G3　X－32.454　Y－28.061　R6.；	
N130	G1　X－43.061　Y－17.454；	
N140	G1　G40　X－47.303　Y－21.697；	
N150	M99；	

（续）

O0006（第二象限凹槽子程序）		说　明
N10	G1　G91　X－15.　Y－15.　Z－1.　F150.；	
N20	G1　G90　G41　X－43.061　Y17.454　D5；	
N30	X－32.454　Y28.061；	
N40	G3　X－40.939　Y36.546　R6.；	
N50	G1　X－51.546　Y25.939；	
N60	G3　X－43.061　Y17.454　R6.；	
N70	G1　G40　X－47.303　Y21.697；	
N80	G1　G91　X15.　Y15.　Z－1.；	
N90	G1　G90　G41　X－32.454　Y28.061　D5；	
N100	G3　X－40.939　Y36.546　R6.；	
N110	G1　X－51.546　Y25.939；	
N120	G3　X－43.061　Y17.454　R6.；	
N130	G1　X－32.454　Y28.061；	
N140	G1　G40X－36.697　Y32.303；	
N150	M99；	

任务评价

根据任务完成情况，由指导教师和操作学生共同完成任务评价表，见表5-12。

表5-12　任务评价表

任务名称：			评定成绩：	
注意事项	发生重大事故（人身或设备安全事故）、严重违反工艺原则、野蛮操作等，取消本次任务实训资格，本次成绩评定为不及格			
类别	序号	评价项目	自我评价（A、B、C、D）	教师评价（A、B、C、D）
编程	1	正确使用编程指令及格式		
	2	合理选择编程原点		
	3	各节点坐标正确无误		
	4	合理安排加工工艺		
	5	合理安排加工路径		
	6	程序能够顺利完成加工		
工件及刀具安装	1	正确选择工件装夹方式及夹具		
	2	夹具安装正确、牢固		
	3	选择与加工程序相符合的刀具		
	4	刀具安装正确、牢固		
	5	工件装夹正确、牢固		

（续）

类别	序号	评价项目	自我评价（A、B、C、D）	教师评价（A、B、C、D）
操作加工	1	着装规范		
	2	设备操作步骤规范		
	3	校验加工程序		
	4	正确进行对刀操作		
	5	合理调整切削用量		
	6	加工误差调整		
	7	设备使用与保养		
	8	实训机床及场地清洁		
检测	1	合理选择量具		
	2	正确使用量具		
	3	正确读取测量值		
自我小结：				
学生签字：			教师签字：	

知识拓展

数控铣床加工工艺知识

数控铣床加工工艺是以普通铣床的加工工艺为基础，结合数控铣床的特点，综合应用多方面的知识解决数控铣床加工过程中面临的工艺问题，其内容包括切削原理与刀具、铣床夹具、零件的加工及工艺分析等方面的基本理论。

数控加工工艺分析的一般步骤和方法：

程序编制人员在进行工艺分析时，要有机床说明书、编程手册、切削用量表、标准工具、夹具手册等资料，以便根据被加工工件的材料、轮廓形状和加工精度等选用合适的机床、制订加工方案、确定零件的加工顺序和各工序所用刀具、夹具及切削用量等。优秀的编程人员首先是一个工艺师，他应该能把经过优化的工艺内容在编程中体现出来。

1. 合理地选用数控机床

合理地选用数控机床主要有三个方面：

1）保证加工零件的技术要求，加工出合格的产品。

2）有利于提高生产率。

3）保证零件加工的经济性。

在分析零件是否适合在数控机床上加工时，需要考虑多方面的因素，包括毛坯的材料、零件轮廓形状的复杂程度、零件外形尺寸、加工精度、零件数量和热处理要求等。例如，一

个有较大的粗加工切除量的零件，一般不适合直接在数控机床上加工。

2. 数控加工零件的工艺性分析

数控加工零件的工艺性分析涉及面很广，在此仅从数控加工的可行性和方便性两方面来加以分析。

（1）零件各加工部位的结构工艺性应符合数控加工的特点

1）零件相关或相近几何要素的尺寸应相同或相近。这样可以减少刀具规格和换刀次数，使编程方便，生产率更高。如果零件上有若干个待加工孔，在满足设计要求的前提下，应尽可能统一孔的尺寸。

2）内槽圆角的大小决定刀具直径的大小，因而内槽圆角半径不应过小。零件工艺性的好坏与被加工轮廓的高低、转接圆弧半径的大小有关。

3）零件铣削槽底平面时，槽底圆角半径不应过大。

（2）应采用统一的定位基准　在数控加工中，若没有统一的定位基准，就会因工件的重新安装而导致加工后两个面上的轮廓位置及尺寸不协调。因此，要保证重复装夹后其相对位置的准确性，应采用统一的定位基准。

此外，还应分析零件所要求的加工精度、尺寸公差等是否可以得到保证，有无引起矛盾的多余尺寸或封闭尺寸等。

3. 加工方法的选择与加工方案的确定

（1）加工方法的选择　加工方法的选择主要是为了保证加工表面的加工精度和表面粗糙度的要求。由于获得同一级精度及表面粗糙度的加工方法一般有很多，因而在实际选择时，要结合零件的形状、尺寸和热处理要求等全面考虑。此外，还应考虑生产率和经济性的要求，以及工厂的生产设备等实际情况。常用加工方法的加工精度及可达到的表面粗糙度值可查阅有关工艺手册。

（2）加工方案确定的原则　零件上比较精密的表面常常是通过粗加工、半精加工和精加工逐步获得的。对这些表面仅仅根据质量要求选择相应的最终加工方法是不够的，还应正确地确定从毛坯到最终成形的加工方案。

在确定加工方案时，首先应根据主要表面的精度和表面粗糙度的要求，初步确定能达到这些要求所需要的加工方法。例如，对于孔径较小的 IT7 精度的孔，最终加工方法取精铰时，则精铰孔前通常要经过钻孔、扩孔和粗铰孔等加工。

4. 工序与工步的划分

（1）工序的划分　工序是指一个或一组作业工人在一个工作位置对一个或若干个劳动对象（产品或零件、半成品）进行物理或化学变化的过程。例如，在某一台数控机床上对一个零件进行加工的环节，可以理解为一道工序；如果需要更换另一台数控机床才能完成，那么就添加了一道工序。更换工序必然会引起零件的二次装夹所带来的误差，因此，工序的划分应尽可能集中。

由于数控机床的高柔性，工序可以比较集中。首先应根据零件图样，考虑被加工零件是否可以在一台数控机床上完成整个零件的加工工作，若不能，则应决定其中哪一部分在数控机床上加工，哪一部分在其他机床上加工，即对零件的加工工序进行划分。

（2）工步的划分　工步是指在一个工序内采用不同的刀具和切削用量，对不同的表面进行加工。工步的划分主要从加工精度和效率两个方面来考虑。为了便于分析和描述较复杂的工序，在工序内又细分为工步。下面以加工中心为例来说明工步划分的原则。

1）将同一表面按粗加工、半精加工、精加工依次完成，或全部加工表面按先粗后精加工分开进行。

2）对于既有铣削面又有孔加工的零件，要先面后孔，按此方法划分工步，可以提高孔的精度。因为铣削时切削力较大，工件容易发生变形。先铣面后加工孔，使其有一段时间恢复变形，可减少由于变形引起的对孔精度的影响。

3）按刀具划分工步。某些数控机床工作台的回转时间比换刀时间短，可采用按刀具来划分工步，以减少换刀次数，提高加工效率。

工序与工步的划分还要根据具体零件的结构特点、技术要求等情况综合考虑。

5. 零件的安装与夹具的选择

（1）定位安装的基本原则

1）力求设计、工艺与编程计算的基准统一。

2）尽量减少装夹次数，尽可能在一次定位装夹后加工出全部待加工表面。

3）避免采用占用数控机床进行人工调整式加工的方案，以充分发挥数控机床的效能。

（2）选择夹具的基本原则　数控加工的特点对夹具提出了两个基本要求：一是要保证夹具的坐标方向与机床的坐标方向相对固定，二是要协调零件和机床坐标系的尺寸关系。除此之外，还要考虑以下四点：

1）当零件加工批量不大时，应尽量采用组合夹具、可调式夹具及其他通用夹具，以缩短生产准备时间，节省生产费用。

2）在成批生产时才考虑采用专用夹具，并力求结构简单。

3）零件的装卸要快速、方便、可靠，以缩短数控机床的停顿时间。

4）夹具上各零部件应不妨碍数控机床对零件各表面的加工，即夹具要开敞，定位、夹紧元件不能影响加工中的走刀，避免产生碰刀。

6. 刀具的选择与切削用量的确定

（1）刀具的选择　刀具的选择是数控加工工艺中的重要内容之一，它不仅影响机床的加工效率，而且直接影响加工质量。在编程时，选择刀具通常要考虑机床的加工能力、工序内容、工件材料等因素。例如，尽可能选择使用寿命高的刀具，以减少因刀具频繁磨损而带来的更换、调整等辅助时间。

（2）切削用量的确定　切削用量包括主轴转速（切削速度）、背吃刀量、进给量。对于不同的加工方法，需要选择不同的切削用量，并编入程序内。

7. 对刀点与换刀点的确定

在编程时，应正确地选择对刀点和换刀点的位置。

对刀点就是在数控机床上加工零件时，刀具相对于工件运动的起点。由于程序段从该点开始执行，所以对刀点又称为“程序起点”或“起刀点”。

对刀点的选择原则是：便于用数字处理和简化程序编制；在机床上找正容易，加工中便于检查；引起的加工误差小。

对刀点一般选在工件轮廓外，但必须与零件的定位基准有确定的尺寸关系。

在加工过程中需要换刀时，应规定换刀点。所谓换刀点，是指自动换刀时的坐标位置。该点可以是某一用户设定的固定点。换刀点应设在工件或夹具的外部，以免碰撞工件或夹具。一般情况是把机床零点作为换刀点。

8. 加工路线的确定

在数控加工中，刀具刀位点相对于工件运动的轨迹称为加工路线（刀具路径）。在编程时，加工路线的确定原则主要有以下几点：

1）加工路线应保证被加工零件的精度和表面粗糙度，且效率较高。

2）所设节点应使数值计算简单，以减少编程工作量。

3）应使加工路线最短，这样可以减少空刀时间，提高生产率。

在铣削零件平面时，一般采用立铣刀侧刃进行切削。为减少接刀痕迹，保证零件表面质量，对刀具的切入和切出程序需要精心设计。铣削外表面轮廓时，铣刀的切入和切出点应沿零件轮廓曲线的延长线上切线切入和切出零件表面，而不应沿法线直接切入零件，以避免加工表面产生划痕，保证零件轮廓光滑。

在加工过程中，工件、刀具、夹具、数控机床系统处于平衡弹性变形的状态，当进给停顿时，切削力减小，会改变系统的平衡状态，刀具会在进给停顿处的零件表面留下划痕，因此，在轮廓加工中应避免停顿，特别是在连续轮廓加工时应避免使用“单段”加工模式。

遇到曲面时，常用球头铣刀采用行切法进行加工。所谓行切法，是指刀具与零件轮廓的切点轨迹是一行一行的，而行间的距离是按零件加工精度的要求确定的，行距越密，轮廓精度就越高，同时加工路线也就越长。

知识巩固

1. 本例中，两个凹槽的加工程序采用绝对编程方式编写，各坐标点计算较复杂，试采用增量编程方式编写两个凹槽的加工程序。

2. 在进行轮廓加工时，一般切入、切出路线的要求是什么？为什么？

3. 数控加工中加工路线的确定原则是什么？

4. 用调用子程序的方式编写图 5-14 所示的三个弧形凹槽的加工程序，并完成加工（要求：Z 方向每次下刀 1mm）。

5. 应用所学知识，分析零件结构，制订加工工艺，编写加工程序（图 5-15）。

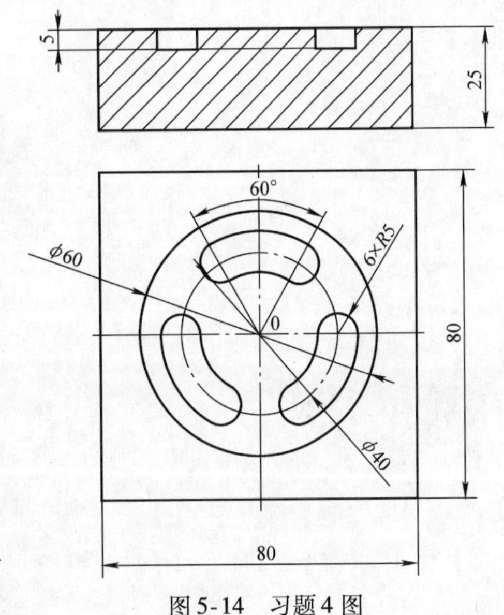

图 5-14　习题 4 图

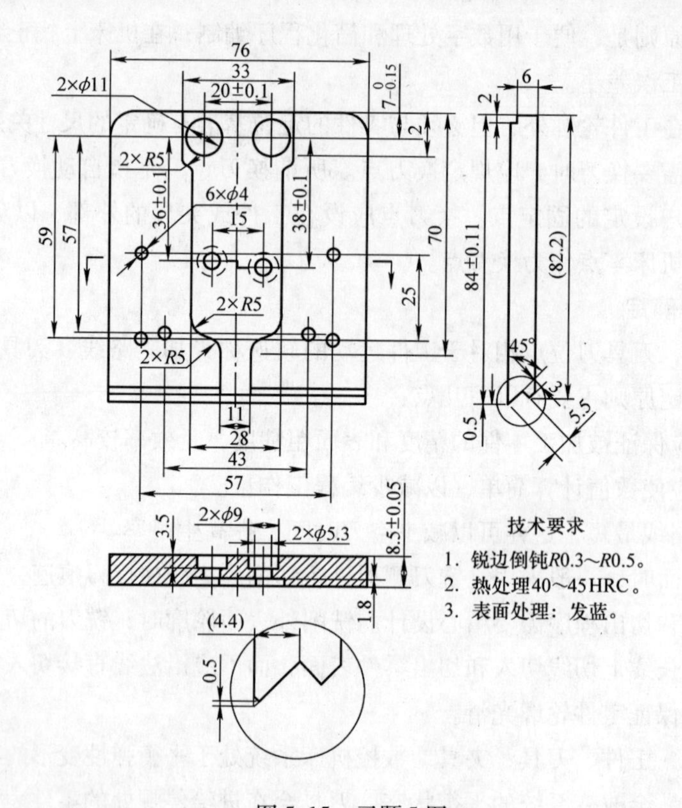
76
33
20±0.1
2×ϕ11
7 0 -0.15
2
2×R5
36±0.1
6×ϕ4
15
38±0.1
59
57
70
25
2×R5
2×R5
11
28
43
57
6
2
84±0.11
(82.2)
45°
3
5.5
0.5
3.5
2×ϕ9
2×ϕ5.3
8.5±0.05
1.8
(4.4)
0.5
技术要求
1. 锐边倒钝R0.3～R0.5。
2. 热处理40～45HRC。
3. 表面处理：发蓝。

图 5-15　习题 5 图

附　录

附录A　G指令代码及功能

G指令代码	组	功能描述
G00 *	01	快速定位
G01		直线插补
G02		圆弧插补/螺旋线插补 CW（正转）
G03		圆弧插补/螺旋线插补 CCW（反转）
G04	00	暂停，准确停止
G05.1		预读控制（超前读多个程序段）
G07.1（G107）		圆柱插补
G08		预读控制
G09		准确停止
G10		可编程序数据输入
G11		可编程序数据输入方式取消
G15 *	17	极坐标指令取消
G16		极坐标指令
G17 *	02	*XY* 平面选择
G18		*ZX* 平面选择
G19		*YZ* 平面选择
G20	06	英寸输入
G21 *		毫米输入
G22 *	04	存储行程检测功能接通
G23		存储行程检测功能断开
G27	00	返回参考点检测
G28		返回参考点
G29		从参考点返回
G30		返回第2、3、4参考点
G31		跳转功能
G33	01	螺纹切削
G37	00	自动刀具长度测量
G39		拐角偏置圆弧插补

（续）

G 指令代码	组	功能描述
G40 *	07	刀具半径偏置取消
G41		刀具半径左偏置
G42		刀具半径右偏置
G40. 1（G150） *	18	法线方向控制取消方式
G43	08	正向刀具长度偏置
G44		负向刀具长度偏置
G45	00	刀具位置偏置加
G46		刀具位置偏置减
G47		刀具位置偏置增加一倍
G48		刀具位置偏置减半
G49 *	08	刀具长度补偿取消
G50 *	11	比例缩放取消
G51		比例缩放有效
G50. 1 *	22	可编程序镜像取消
G51. 1		可编程序镜像有效
G52	00	局部坐标系设定
G53		选择机床坐标系
G54 *	14	选择工件坐标系 1
G54. 1 P1 ~48		选择附加工件坐标系
G55		选择工件坐标系 2
G56		选择工件坐标系 3
G57		选择工件坐标系 4
G58		选择工件坐标系 5
G59		选择工件坐标系 6
G60	00/01	单方向定位
G61	15	准确停止方式
G62		自动拐角倍率
G63		攻螺纹方式
G64 *		切削方式
G65	00	宏程序调用
G66	12	宏程序模态调用
G67 *		宏程序模态调用取消
G68	16	坐标旋转有效
G69 *		坐标旋转取消

（续）

G 指令代码	组	功能描述
G73	09	深孔钻循环
G74		左旋攻螺纹循环
G76		精镗循环
G80 *		固定循环取消
G81		钻孔循环
G82		锪孔循环
G83		深孔钻循环
G84		攻螺纹循环
G85		镗孔循环
G86		镗孔循环
G87		反镗循环
G88		镗孔循环
G89		镗孔循环
G90 *	03	绝对值编程
G91		增量值编程
G92	00	设定工件坐标系
G92. 1		工件坐标系预置
G94 *	05	每分钟进给
G95		每转进给
G96	13	恒周速控制（切削速度）
G97 *		恒周速控制取消（切削速度）
G98 *	10	固定循环返回到初始点
G99		固定循环返回到 *R* 点

注：1. 该表中，除 00 组以外的 G 指令均为模态指令。

2. 该表中，带 * 号的 G 代码均为机床上电默认状态。

附录 B　M 指令代码及功能

代码	功能描述	代码	功能描述
M00	程序停止	M19	主轴定向停止
M01	选择停止	M21	Y 轴镜像开
M02	程序结束	M22	Y 轴镜像关
M03	主轴正转	M23	X 轴镜像开
M04	主轴反转	M24	X 轴镜像关
M05 *	主轴停止	M25	手动松刀
M06	换刀	M29	刚性攻螺纹准备
M08	切削液开	M30	程序结束并返回程序头
M09 *	切削液关	M98	调用子程序
M10	B 轴夹紧	M99	子程序结束
M11	B 轴松开		

注：该表中，带 * 号的 M 代码均为机床上电默认状态。

附录 C 铣削速度推荐值

工件材料	硬度 HBW	铣削速度 v/(m/min)	
		高速钢铣刀	硬质合金铣刀
低碳钢 中碳钢	<220	21~40	60~150
	225~290	15~36	54~115
	300~425	9~15	36~75
高碳钢	<220	18~36	60~130
	225~325	14~21	53~105
	325~375	8~21	36~48
	375~425	6~10	35~45
合金钢	<220	15~35	55~120
	225~325	10~24	37~80
	325~425	5~9	30~60
工具钢	200~250	12~23	45~83
灰铸铁	110~140	24~36	110~115
	150~225	15~21	60~110
	230~290	9~18	45~90
	300~320	5~10	21~30
可锻铸铁	110~160	42~50	100~200
	160~200	24~36	83~120
	200~240	15~24	72~110
	240~280	9~11	40~60
低碳铸钢	100~150	18~27	68~105
中碳铸钢	100~160	18~27	68~105
	160~200	15~21	60~90
	200~240	12~21	53~75
高碳铸钢	180~240	9~18	53~80
铝合金	95~100	180~300	360~600
铜合金	95~100	45~100	120~190
镁合金	95~100	180~270	150~600

附录 D 铣削刀具每齿进给量推荐值

工件材料	硬度 HBW	每齿进给量/(mm/z)			
		高速钢铣刀		硬质合金铣刀	
		立铣刀	面铣刀	立铣刀	面铣刀
低碳钢	<150	0.04~0.20	0.15~0.30	0.07~0.25	0.20~0.40
中碳钢	150~200	0.03~0.18	0.15~0.30	0.06~0.22	0.20~0.35
高碳钢	<220	0.04~0.20	0.15~0.25	0.06~0.22	0.15~0.35
	225~325	0.03~0.15	0.10~0.20	0.05~0.20	0.12~0.25
	325~425	0.03~0.12	0.08~0.15	0.04~0.15	0.10~0.20
灰铸铁	150~180	0.07~0.18	0.20~0.35	0.12~0.25	0.20~0.50
	180~220	0.05~0.15	0.15~0.30	0.10~0.20	0.20~0.40
	220~300	0.03~0.10	0.10~0.15	0.08~0.15	0.15~0.30
可锻铸铁	110~160	0.08~0.20	0.20~0.40	0.12~0.20	0.20~0.50
	160~200	0.07~0.20	0.20~0.35	0.10~0.20	0.20~0.40
	200~240	0.05~0.15	0.15~0.30	0.08~0.15	0.15~0.30
	240~280	0.02~0.08	0.10~0.20	0.05~0.10	0.10~0.25
合金钢	<220	0.05~0.18	0.15~0.25	0.08~0.20	0.12~0.40
	220~280	0.05~0.15	0.12~0.20	0.06~0.15	0.10~0.30
	280~320	0.03~0.12	0.07~0.12	0.05~0.12	0.08~0.20
	320~380	0.02~0.10	0.05~0.10	0.03~0.10	0.06~0.15
铝、镁合金	95~100	0.05~0.12	0.20~0.30	0.08~0.30	0.15~0.38
工具钢	退火状态	0.05~0.10	0.12~0.20	0.08~0.15	0.15~0.50
	<36HRC	0.03~0.08	0.07~0.12	0.05~0.12	0.12~0.25
	35~46HRC			0.04~0.10	0.10~0.20
	46~56HRC			0.03~0.08	0.07~0.10

附录 E 高速钢钻头钻削速度及进给量推荐值

工件材料	硬度 HBW	切削速度 v/(m/min)	钻头直径/mm				
			<3	3~6	6~13	13~19	19~25
			进给量 f/(mm/r)				
铝合金	45~105	105	0.05	0.15	0.25	0.4	0.48
铜合金（高加工性）	<124	60	0.05	0.15	0.25	0.4	0.48
铜合金（低加工性）	<124	20	0.05	0.15	0.25	0.4	0.48

（续）

工件材料	硬度 HBW	切削速度 v（m/min）	钻头直径（mm）				
			<3	3~6	6~13	13~19	19~25
			进给量f(mm/r)				
镁合金	50~90	45~120	0.05	0.15	0.25	0.4	0.48
锌合金	80~100	75	0.05	0.13	0.25	0.4	0.48
低碳钢	125~175	24	0.05	0.13	0.2	0.26	0.32
中碳钢	175~225	20	0.05	0.13	0.2	0.26	0.32
高碳钢	225~325	16	0.05	0.13	0.2	0.26	0.32
低碳合金钢	175~225	21	0.05	0.15	0.2	0.4	0.48
中碳合金钢	225~325	15~18	0.05	0.09	0.15	0.21	0.26
工具钢	175~225	18	0.05	0.13	0.2	0.26	0.32
工具钢	225~325	15	0.05	0.13	0.2	0.26	0.32
灰铸铁	120~150	43~46	0.05	0.15	0.25	0.4	0.48
	160~220	24~34	0.05	0.13	0.2	0.26	0.32
可锻铸铁	112~126	27~37	0.05	0.13	0.2	0.26	0.32
球墨铸铁	190~225	18	0.05	0.13	0.2	0.26	0.32

参 考 文 献

[1] 顾京．数控机床加工程序编制［M］．北京：机械工业出版社，1997.
[2] 眭润舟．数控编程与加工技术［M］．北京：机械工业出版社，2001.
[3] 杨伟群．数控工艺培训教程（数控铣部分）［M］．北京：清华大学出版社，2002.
[4] 杨刚．数控铣床及加工中心编程［M］．重庆：重庆大学出版社，2006.
[5] 原北京第一通用机械厂．机械工人切削手册［M］．5版．北京：机械工业出版社，2009.
[6] 吴京霞．典型零件数控加工［M］．北京：北京航空航天大学出版社，2012.
[7] 韩鸿鸾，刘书峰．数控铣削加工一体化教程［M］．北京：机械工业出版社，2012.
[8] 金晶．数控铣床加工工艺与编程操作［M］．北京：机械工业出版社，2006.
[9] 卓良福．数控铣床操作与加工工作过程系统化教程［M］．北京：机械工业出版社，2012.

机械零件数控铣削加工
任务工单

班级：__________

姓名：__________

学号：__________

机 械 工 业 出 版 社

目　　录

情境一　凸台类零件的加工 ………………………………………………… 1

凸台类零件的加工任务工单 ………………………………………………… 1

情境二　槽类零件的加工 ………………………………………………… 6

槽类零件的加工任务工单 ………………………………………………… 6

情境三　孔类零件的加工 ………………………………………………… 11

孔类零件的加工任务工单 ………………………………………………… 11

情境四　特型零件的加工 ………………………………………………… 16

特型零件的加工任务工单 ………………………………………………… 16

情境五　零件的综合加工 ………………………………………………… 20

零件的综合加工任务工单 ………………………………………………… 20

情境一　凸台类零件的加工

凸台类零件的加工任务工单

<table>
<tr><td>任务名称</td><td colspan="3">凸台类零件加工实操练习</td><td>学时</td><td>12</td><td>班级</td><td></td></tr>
<tr><td>姓名</td><td></td><td>学号</td><td></td><td>组别</td><td></td><td>任务成绩</td><td></td></tr>
<tr><td>实训设备</td><td colspan="3">数控铣床（GSK21MA 系统）</td><td>实训场地</td><td>数铣实训区</td><td>日期</td><td></td></tr>
<tr><td>学习任务</td><td colspan="7">编程加工任务图 1 所示的工件：工件毛坯尺寸为 80mm×55mm×20mm；工件材料为 45 钢 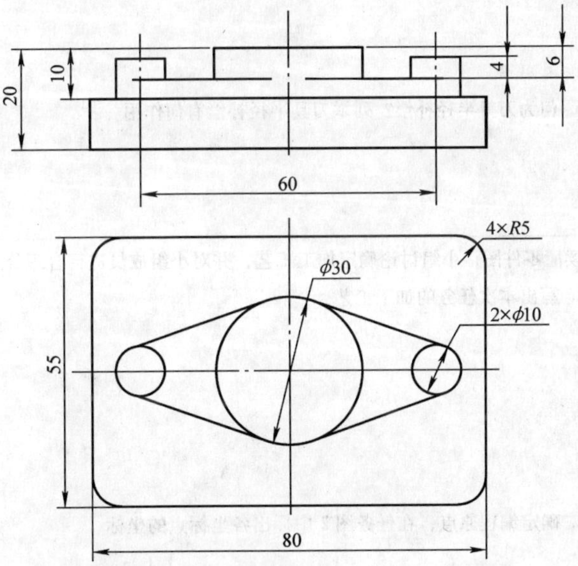
任务图1</td></tr>
<tr><td>任务目的</td><td colspan="7">1）能够编制凸台类零件的加工程序
2）会利用刀具半径补偿功能编程
3）在教师的指导下会合理选择铣削参数
4）能够在数控铣床上完成夹具和刀具的安装
5）会独立完成正确的对刀操作
6）在教师指导下会操作数控铣床加工出凸台类零件</td></tr>
<tr><td>咨
询</td><td colspan="7">1. 写出直线轮廓编程指令及使用格式

2. 写出圆弧轮廓编程指令及使用格式

</td></tr>
</table>

（续）

咨 询	3. 绝对编程和增量编程的指令及两者的区别是什么 4. 设置工件坐标系的作用及其指令是什么 5. 数控铣床或加工中心的 X、Y、Z 三轴如何判断正、负方向 6. 何为刀具半径补偿？列举刀具半径补偿有何作用
决策与计划	读懂零件图，小组讨论确定加工工艺，并对小组成员进行合理分工，完成加工前的准备工作。 1. 写出本次任务的加工工艺 2. 确定编程原点，在任务图 2 中标出各坐标点的坐标 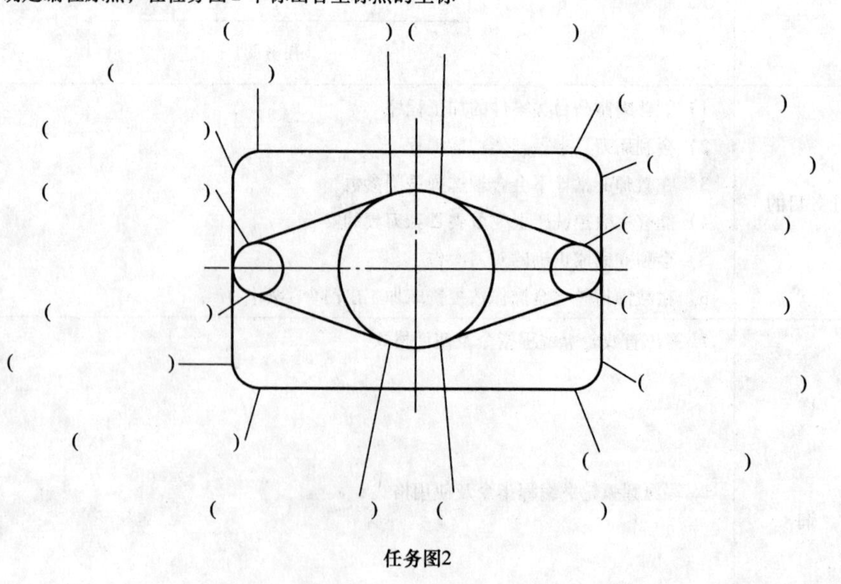 任务图2

（续）

<table>
<tr><td rowspan="4">决策与计划</td><td>3. 确定加工刀具直径及对应的切削加工参数</td></tr>
<tr><td>4. 轮廓加工完成后，残留的岛屿如何去除</td></tr>
<tr><td>5. 小组人员分工
<table>
<tr><th>姓名</th><th>分配任务</th><th>姓名</th><th>分配任务</th></tr>
<tr><td></td><td></td><td></td><td></td></tr>
<tr><td></td><td></td><td></td><td></td></tr>
<tr><td></td><td></td><td></td><td></td></tr>
<tr><td></td><td></td><td></td><td></td></tr>
<tr><td></td><td></td><td></td><td></td></tr>
<tr><td></td><td></td><td></td><td></td></tr>
</table>
</td></tr>
<tr><td>6. 编写加工程序（可附页）</td></tr>
<tr><td rowspan="3">实
施</td><td>1. 简述机用虎钳在数控铣床或加工中心上找正的步骤</td></tr>
<tr><td>2. 简述长方形零件中心对刀的步骤</td></tr>
<tr><td>3. 输入加工程序、校验、加工</td></tr>
</table>

（续）

检查

量具的选择

一般公差是指在车间一般加工条件下可保证的公差，因此，采用一般公差的尺寸，在该尺寸后不标注极限偏差

线性尺寸的一般公差，在 GB/T 1804—2000 中规定了四个公差等级，即精密级（f）、中等级（m）、粗糙级（c）和最粗糙级（v）

线性尺寸的极限公差

等级	尺寸分段							
	0.5~3	3~6	6~30	30~120	120~400	400~1000	1000~2000	2000~4000
f(精密级)	±0.05	±0.05	±0.1	±0.15	±0.2	±0.3	±0.5	±1
m(中等级)	±0.1	±0.1	±0.2	±0.3	±0.5	±0.8	±1.2	±2

圆弧的检测一般是通过半径样板（任务图3）与加工后的圆弧对比，看是否贴合完好，从而判断圆弧加工是否合格。半径样板有不同的规格与所测圆弧半径相匹配

任务图3

1. 根据本次任务工件各尺寸的公差，选择合适的检测量具（按照中等级测量公差）

2. 将检测尺寸填入下表，理论尺寸按照中等级测量公差（m 级），并判断尺寸是否合格

理论尺寸	公差	实测尺寸	是否合格	理论尺寸	公差	实测尺寸	是否合格

（续）

<table>
<tr><td rowspan="9">评
价</td><td>自我评价</td><td colspan="5"></td><td>评分（满分10）

</td></tr>
<tr><td rowspan="7">组内互评</td><td>学号</td><td>姓名</td><td>评分（满分10）</td><td>学号</td><td>姓名</td><td>评分（满分10）</td></tr>
<tr><td></td><td></td><td></td><td></td><td></td><td></td></tr>
<tr><td></td><td></td><td></td><td></td><td></td><td></td></tr>
<tr><td></td><td></td><td></td><td></td><td></td><td></td></tr>
<tr><td></td><td></td><td></td><td></td><td></td><td></td></tr>
<tr><td></td><td></td><td></td><td></td><td></td><td></td></tr>
<tr><td colspan="6">注意：最高分与最低分相差最少3分，相同分数者最多3人</td></tr>
<tr><td>小组互评</td><td colspan="5"></td><td>评分（满分10）

</td></tr>
<tr><td></td><td>教师评价</td><td colspan="5"></td><td>评分（满分10）

</td></tr>
</table>

情境二　槽类零件的加工

槽类零件的加工任务工单

<table>
<tr><td>任务名称</td><td colspan="3">槽类零件加工实操练习</td><td>学时</td><td>12</td><td>班级</td><td></td></tr>
<tr><td>姓名</td><td></td><td>学号</td><td></td><td>组别</td><td></td><td>任务成绩</td><td></td></tr>
<tr><td>实训设备</td><td colspan="3">数控铣床（GSK21MA 系统）</td><td>实训场地</td><td>数铣实训区</td><td>日期</td><td></td></tr>
<tr><td>学习任务</td><td colspan="7">编程加工任务图 4 所示的工件：工件毛坯尺寸为 $\phi70\text{mm}\times20\text{mm}$，毛坯材料为 45 钢
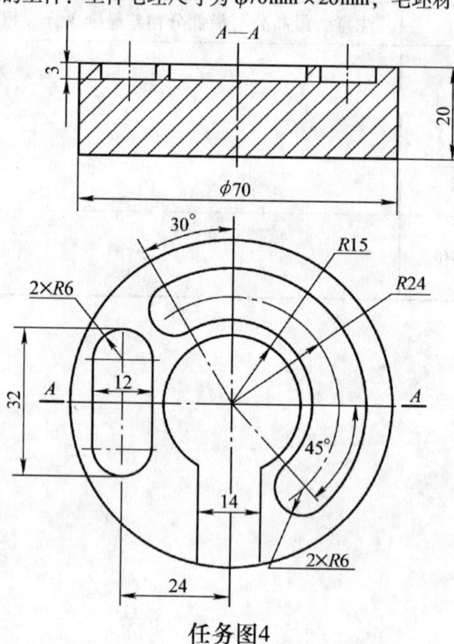

任务图4</td></tr>
<tr><td>任务目的</td><td colspan="7">1）能够编制凹槽类零件加工程序
2）能合理选择凹槽类零件的下刀方式
3）能够合理选择铣削参数
4）能够在数控铣床上正确安装夹具和刀具
5）能够正确进行对刀操作
6）能够操作数控铣床加工凹槽类零件</td></tr>
<tr><td>咨
询</td><td colspan="7">1. 列举出加工槽类零件时的几种 Z 向下刀方式</td></tr>
</table>

（续）

咨询	2. 写出螺旋线下刀和斜线下刀编程的指令格式 3. 用螺旋线下刀和斜线下刀方式加工工件，是否都要指定加工平面？为什么 4. 高速钢刀具和硬质合金刀具在切削参数选择时有何区别
决策与计划	读懂零件图，小组讨论确定加工工艺，并对小组成员进行合理分工，完成加工前的准备工作 1. 写出本次任务的加工工艺

（续）

决策与计划	2. 确定编程原点，在任务图5标出各坐标点的坐标 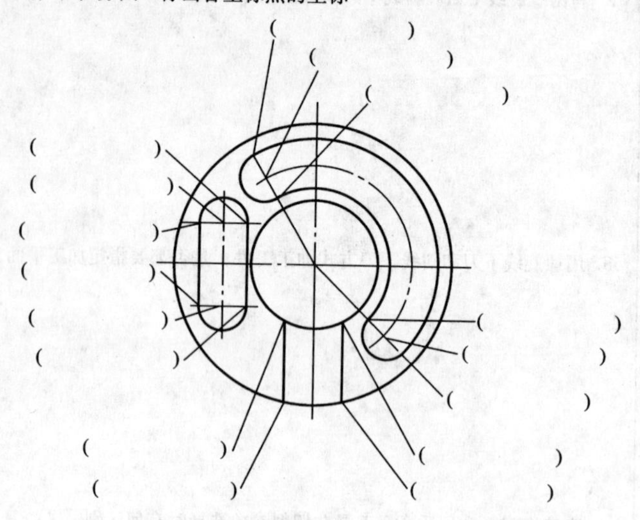 任务图5 3. 确定加工刀具直径及对应的切削加工参数 4. 小组人员分工 5. 编写加工程序（可附页）

姓名	分配任务	姓名	分配任务

（续）

<table>
<tr><td rowspan="3">实施</td><td colspan="8">1. 简述铣用自定心卡盘在工作台上的安装步骤</td></tr>
<tr><td colspan="8">2. 简述圆柱型零件圆弧中心对刀的步骤（两种方式）</td></tr>
<tr><td colspan="8">3. 输入加工程序、校验、加工</td></tr>
<tr><td rowspan="10">检查</td><td colspan="8">1. 根据本任务工件各尺寸的公差，列出检测量具</td></tr>
<tr><td colspan="8">2. 将检测尺寸填入下表，并判断尺寸是否合格</td></tr>
<tr><td>理论尺寸</td><td>公差</td><td>实测尺寸</td><td>是否合格</td><td>理论尺寸</td><td>公差</td><td>实测尺寸</td><td>是否合格</td></tr>
<tr><td></td><td></td><td></td><td></td><td></td><td></td><td></td><td></td></tr>
<tr><td></td><td></td><td></td><td></td><td></td><td></td><td></td><td></td></tr>
<tr><td></td><td></td><td></td><td></td><td></td><td></td><td></td><td></td></tr>
<tr><td></td><td></td><td></td><td></td><td></td><td></td><td></td><td></td></tr>
<tr><td></td><td></td><td></td><td></td><td></td><td></td><td></td><td></td></tr>
<tr><td></td><td></td><td></td><td></td><td></td><td></td><td></td><td></td></tr>
<tr><td></td><td></td><td></td><td></td><td></td><td></td><td></td><td></td></tr>
</table>

（续）

<table>
<tr><td rowspan="10">评
价</td><td>自我评价</td><td colspan="5"></td><td>评分（满分10）
</td></tr>
<tr><td rowspan="7">组内互评</td><td>学号</td><td>姓名</td><td>评分（满分10）</td><td>学号</td><td>姓名</td><td>评分（满分10）</td></tr>
<tr><td></td><td></td><td></td><td></td><td></td><td></td></tr>
<tr><td></td><td></td><td></td><td></td><td></td><td></td></tr>
<tr><td></td><td></td><td></td><td></td><td></td><td></td></tr>
<tr><td></td><td></td><td></td><td></td><td></td><td></td></tr>
<tr><td></td><td></td><td></td><td></td><td></td><td></td></tr>
<tr><td colspan="6">注意：最高分与最低分相差最少3分，相同分数者最多3人</td></tr>
<tr><td>小组互评</td><td colspan="5"></td><td>评分（满分10）
</td></tr>
<tr><td>教师评价</td><td colspan="5"></td><td>评分（满分10）
</td></tr>
</table>

情境三 孔类零件的加工

孔类零件的加工任务工单

<table>
<tr><td>任务名称</td><td colspan="3">孔类零件加工实操练习</td><td>学时</td><td>12</td><td>班级</td><td></td></tr>
<tr><td>姓名</td><td></td><td>学号</td><td></td><td>组别</td><td></td><td>任务成绩</td><td></td></tr>
<tr><td>实训设备</td><td colspan="3">数控铣床（GSK21MA 系统）</td><td>实训场地</td><td>数铣实训区</td><td>日期</td><td></td></tr>
<tr><td>学习任务</td><td colspan="7">编程加工任务图 6 所示工件：工件毛坯尺寸为 140mm×100mm×25mm，工件材料为 45 钢
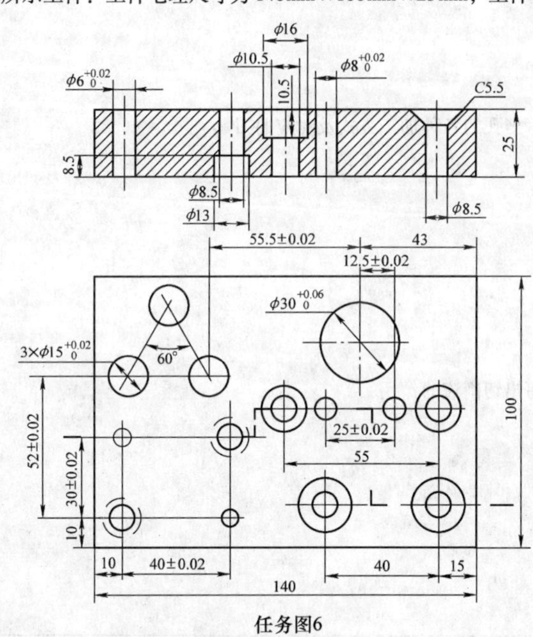

任务图6</td></tr>
<tr><td>任务目的</td><td colspan="7">1）会解释孔加工指令中各代码的含义
2）能够编制零件中各种孔的加工程序
3）能合理选择各种孔的加工工艺
4）能够合理选择孔加工的切削参数
5）能够在数控铣床上正确安装夹具和刀具
6）能够正确进行对刀操作
7）能够操作数控铣床加工零件上的各种孔
8）能够找正指定孔的中心</td></tr>
</table>

（续）

咨询	1. 写出孔加工固定循环编程指令及使用格式 2. 列举出孔加工固定循环通常的6个动作 3. 写出孔的各种加工方式及对应的刀具 4. 写出切削液的作用
决策与计划	读懂零件图，小组讨论确定加工工艺，并对小组成员进行合理分工，完成加工前的准备工作 1. 写出本次任务的加工工艺

（续）

决策与计划	2. 写出找正内孔中心的方法 3. 确定加工刀具直径及对应的切削加工参数 4. 小组人员分工

姓名	分配任务	姓名	分配任务

5. 编写加工程序（可附页）

实施	1. 列举出孔的常用加工工步安排顺序

（续）

实施	2. 列举钻孔加工时，常出现的问题及解决办法 3. 输入加工程序、校验、加工
检查	孔类零件的检测 有精度要求的内孔，常采用内径千分尺、内径百分表、内径千分表、塞规（任务图7）等量具进行孔径尺寸的检测 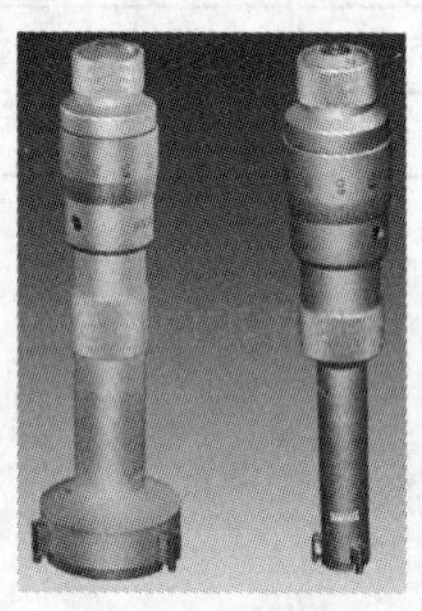 内径千分尺实物图(1) 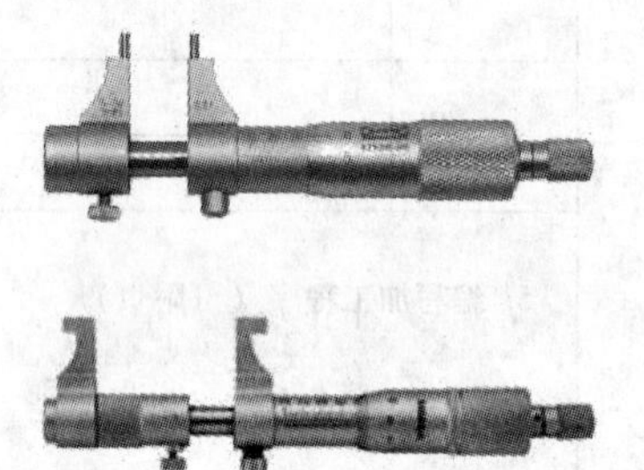 内径千分尺实物图(2) 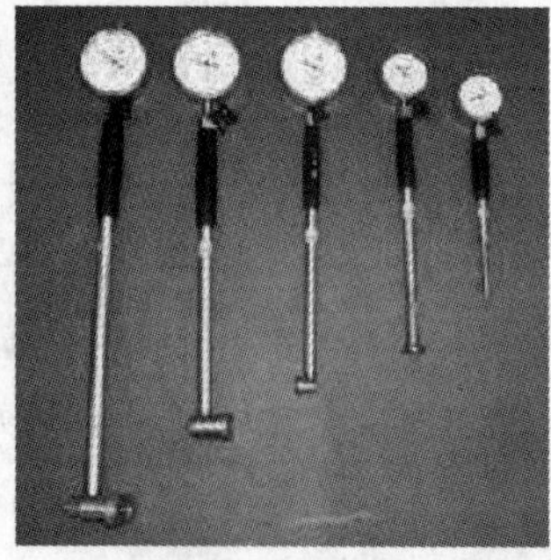 内径百分表实物图 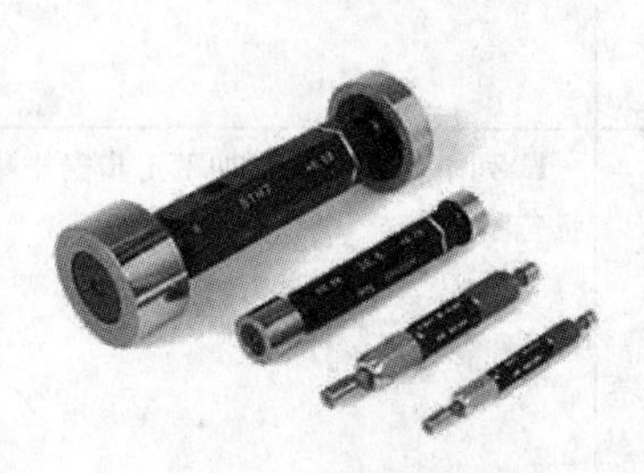 塞规实物图 任务图7 塞规作为一种定孔的检测量具，常用于检测中、小直径孔。塞规检测工件合格与否的标准是：通端能够进入孔内，且止端不能够进入孔内，则视该孔的孔径尺寸加工为合格

（续）

检查

1. 根据本次任务工件各尺寸的公差，选择合适的检测量具

2. 根据本次任务工件各尺寸的公差，列出检测量具

3. 将检测尺寸填入下表，并判断尺寸是否合格

理论尺寸	公差	实测尺寸	是否合格	理论尺寸	公差	实测尺寸	是否合格

评价

自我评价	评分（满分10）

组内互评

学号	姓名	评分（满分10）	学号	姓名	评分（满分10）

注意：最高分与最低分相差最少3分；相同分数者最多3人

小组互评	评分（满分10）

教师评价	评分（满分10）

情境四　特型零件的加工

特型零件的加工任务工单

<table>
<tr><td>任务名称</td><td colspan="3">特型零件加工实操练习</td><td>学时</td><td>12</td><td>班级</td><td></td></tr>
<tr><td>姓名</td><td></td><td>学号</td><td></td><td>组别</td><td></td><td>任务成绩</td><td></td></tr>
<tr><td>实训设备</td><td colspan="3">数控铣床（GSK21MA 系统）</td><td>实训场地</td><td>数铣实训区</td><td>日期</td><td></td></tr>
<tr><td>学习任务</td><td colspan="7">编程加工任务图 8 所示的工件 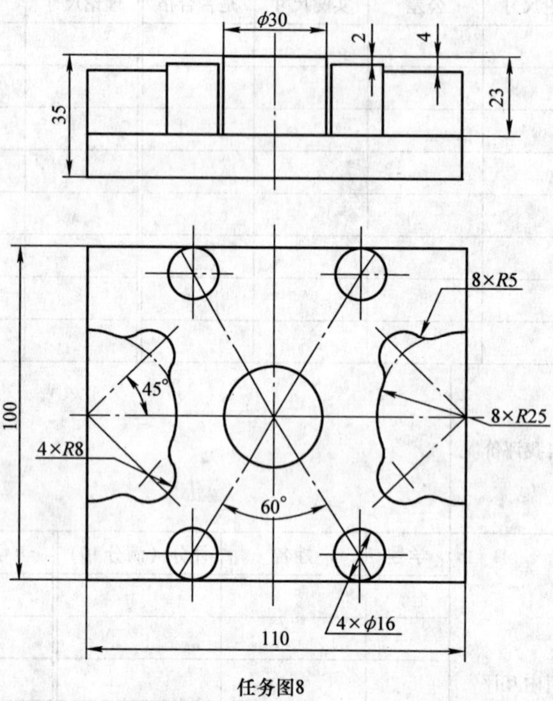
任务图8</td></tr>
<tr><td>任务目的</td><td colspan="7">1）能够利用特殊指令编制零件加工程序
2）能够合理选择铣削参数
3）能够在数控铣床上正确安装夹具和刀具
4）能够正确进行对刀操作
5）能够操作数控铣床加工出合格的零件</td></tr>
<tr><td>咨
询</td><td colspan="7">1. 写出子程序调用、轮廓旋转加工、轮廓镜像加工编程指令及使用格式</td></tr>
</table>

（续）

咨询	2. 写出特殊指令编程的好处 3. 用圆柱铣刀加工工件时，顺铣与逆铣有什么区别 4. 写出镜像加工时的注意事项
决策与计划	读懂加工图，小组讨论确定加工工艺，并对小组成员进行合理分工，完成加工前的准备工作 1. 写出本次任务的加工工艺 2. 确定编程原点，标出任务图 9 所示各坐标点的坐标 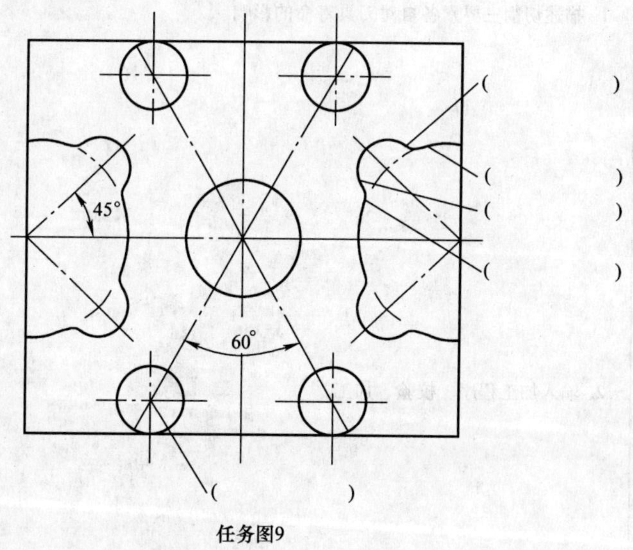 任务图9

（续）

决策与计划

3. 确定加工刀具直径及对应的切削加工参数

4. 小组人员分工

姓名	分配任务	姓名	分配任务

5. 编写加工程序（可附页）

实施

1. 描述切削三要素各自对刀具寿命的影响

2. 输入加工程序、校验、加工

（续）

检查

1. 根据本次任务工件各尺寸的公差，列出检测量具

2. 将检测尺寸填入下表，并判断尺寸是否合格

理论尺寸	公差	实测尺寸	是否合格	理论尺寸	公差	实测尺寸	是否合格

评价

自我评价

评分（满分10）

组内互评

学号	姓名	评分（满分10）	学号	姓名	评分（满分10）

注意：最高分与最低分相差最少3分；相同分数者最多3人

小组互评

评分（满分10）

教师评价

评分（满分10）

情境五　零件的综合加工

零件的综合加工任务工单

任务名称	零件的综合加工实操练习			学时	12	班级	
姓名		学号		组别		任务成绩	
实训设备	数控铣床（GSK21MA 系统）			实训场地	数铣实训区	日期	

学习任务	编程加工任务图 10 所示的工件 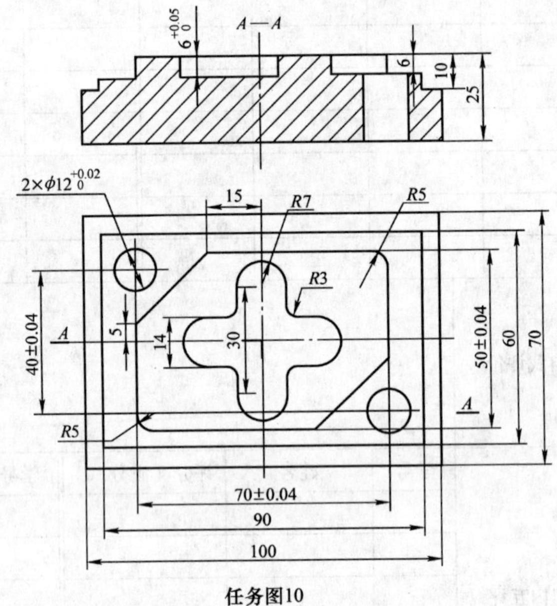 任务图10
任务目的	1）能够合理安排综合零件的加工工步内容 2）能够合理选择铣削参数 3）能够在教师的指导下完成零件程序的编制 4）能够在数控铣床上正确安装夹具和刀具 5）能够正确进行对刀操作 6）能够操作数控铣床加工出合格的综合零件
咨询	1. 总结零件铣削加工的工作流程 2. 总结铣削加工时，切削三要素的确定原则

（续）

咨询

3. 在圆弧轮廓编程指令中，利用 R 代码编程与利用 I、J、K 代码编程的区别是什么

决策与计划

读懂零件图，小组讨论确定加工工艺，并对小组成员进行合理分工，完成加工前的准备工作

1. 写出本任务的加工工艺

2. 确定加工刀具路径（任务图 11）

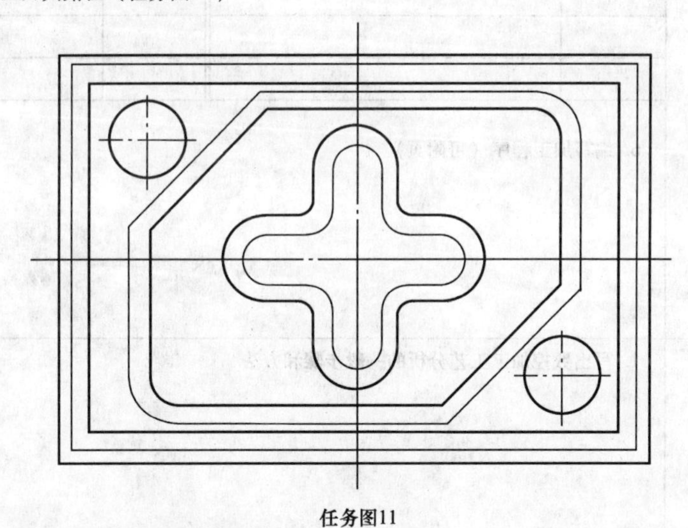

任务图11

3. 确定编程原点，标出各坐标点的坐标（任务图 12）

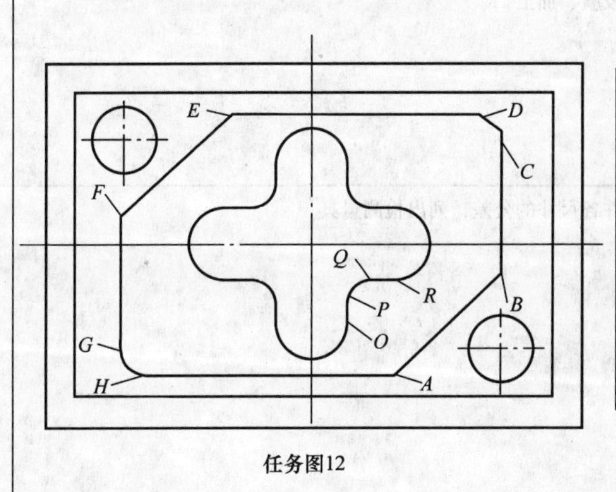

任务图12

节点点位	节点坐标值		节点点位	节点坐标值	
	X坐标	Y坐标		X坐标	Y坐标
A			G		
B			H		
C			O		
D			P		
E			Q		
F			R		

（续）

决策与计划

4. 确定加工刀具直径及对应的切削加工参数

5. 小组人员分工

姓名	分配任务	姓名	分配任务

6. 编写加工程序（可附页）

实施

1. 写出数控加工工艺分析的一般步骤和方法

2. 输入加工程序、校验、加工

检查

1. 根据本次任务工件各尺寸的公差，列出检测量具

（续）

<table>
<tr><td rowspan="9">检查</td><td colspan="9">2. 将检测尺寸填入下表，并判断尺寸是否合格</td></tr>
<tr><td>理论尺寸</td><td>公差</td><td>实测尺寸</td><td colspan="2">是否合格</td><td>理论尺寸</td><td>公差</td><td>实测尺寸</td><td>是否合格</td></tr>
<tr><td></td><td></td><td></td><td colspan="2"></td><td></td><td></td><td></td><td></td></tr>
<tr><td></td><td></td><td></td><td colspan="2"></td><td></td><td></td><td></td><td></td></tr>
<tr><td></td><td></td><td></td><td colspan="2"></td><td></td><td></td><td></td><td></td></tr>
<tr><td></td><td></td><td></td><td colspan="2"></td><td></td><td></td><td></td><td></td></tr>
<tr><td></td><td></td><td></td><td colspan="2"></td><td></td><td></td><td></td><td></td></tr>
<tr><td></td><td></td><td></td><td colspan="2"></td><td></td><td></td><td></td><td></td></tr>
<tr><td></td><td></td><td></td><td colspan="2"></td><td></td><td></td><td></td><td></td></tr>
<tr><td rowspan="11">评价</td><td rowspan="2">自我评价</td><td colspan="6" rowspan="2"></td><td>评分（满分10）</td></tr>
<tr><td></td></tr>
<tr><td rowspan="7">组内互评</td><td>学号</td><td>姓名</td><td>评分（满分10）</td><td>学号</td><td colspan="2">姓名</td><td>评分（满分10）</td></tr>
<tr><td></td><td></td><td></td><td></td><td colspan="2"></td><td></td></tr>
<tr><td></td><td></td><td></td><td></td><td colspan="2"></td><td></td></tr>
<tr><td></td><td></td><td></td><td></td><td colspan="2"></td><td></td></tr>
<tr><td></td><td></td><td></td><td></td><td colspan="2"></td><td></td></tr>
<tr><td></td><td></td><td></td><td></td><td colspan="2"></td><td></td></tr>
<tr><td colspan="7">注意：最高分与最低分相差最少3分；相同分数者最多3人</td></tr>
<tr><td rowspan="2">小组互评</td><td colspan="6" rowspan="2"></td><td>评分（满分10）</td></tr>
<tr><td></td></tr>
<tr><td rowspan="2">教师评价</td><td colspan="6" rowspan="2"></td><td>评分（满分10）</td></tr>
<tr><td></td></tr>
</table>